アザラシの泳ぎを360度から観察できる円柱トンネル。

冬の風物詩・ペンギンの散歩。ペンギンの通り道には〝花道〟ができる。午前、午後の2回実施。

ホッキョクグマのダイビング。迫力と美しい毛並み、そして愛らしい姿がガラス越しに見える。

約400キロと桁外れの握力を持つ
オランウータンは大人気。

〈旭山動物園〉革命

——夢を実現した復活プロジェクト

小菅正夫

角川oneテーマ21

目次

はじめに

人生では動物園に三回行く

一般的に、動物園に行く機会は、人生のうちで三回あると言われる。

一回目は、自分が子どものとき親に連れられて、二回目は自分が親になったとき子どもを連れて、そして三回目は自分がおじいちゃん、おばあちゃんになったときに孫と一緒に――。

動物園というのは、子どもが行くところという先入観が、いまも根強くある。

私が動物園に就職した一九七三年当時は、現在と違って、子どもの数は多かったし、娯楽の選択肢も少なかったため、旭山《あさひやま》動物園に限らず、どこの動物園にも子どもがたくさんいて、入園者数は伸びていた。

しかし、レジャーのあり方が多様化した八〇年代以降、全国の動物園は入園者数を減らし始めた。七五年には政令指定都市にある十三動物園の合計入園者数が二千二百九十九万六千七百七人だったが、十三年後の八八年には千葉市動物公園と横浜市立金沢動物園が加わったにもかかわらず、千九百七十九万三千百八十七人に減った（日本動物園水族館協会調べ）。

旭山動物園も例外ではなかった。一九八三年に年間入園者数が五十九万人とピークに達したが、それ以降、入園者が増えることはなく、九六年には入園者が過去最低の二十六万人にまで落ち込み、閉園の話も囁《ささや》かれるようになったのである。

私たちは考えた。

動物たちの素晴らしさがお客さんに伝わる動物園とは、どんな施設だろうか。何度も足を運びたくなる動物園にするにはどうしたらいいのか。子どもだけではなく、大人になっても行きたいと思うような動物園とはどんなところだろうか、と。

そして、飼育係が一丸となってアイデアを出し合い、試行錯誤をした結果、いまの旭山動物園ができあがった。

水中をもの凄《すご》いスピードで泳ぐペンギンの姿がまるで空を飛ぶように見える「ぺんぎん

館」、透明な円柱のトンネルをアザラシが愛嬌《あいきょう》たっぷりに、そして気持ちよさそうに泳ぐ「あざらし館」、大きなプールに豪快なダイビングをする様子がガラス越しに見られる「ほっきょくぐま館」、地上十七メートルの場所に取り付けられた水平のロープに片手で摑《つか》まりながら「空中散歩」をするオランウータンの姿が見られる「おらんうーたん館」……。

お客さんからは、「かわいい」というよりも、「スゴイ」「カッコイイ」といった、動物たちの素晴らしさに感動する声が聞かれる。

大勢の大人が来てくれるようになったのも、最近の傾向である。園内を回っていると、何度も来園なさっているとおぼしき方が、初めて来園した友だちを案内しながら歩いている姿を見かける。なかには、見知らぬ人にガイドしてくれている風景にもでくわす。また、一人でいらっしゃる大人も珍しくない。これは十年以上前には、あまり見かけなかった風景だ。

日本一の動物園の誕生

その結果、二〇〇四年には、七月、八月の二ヶ月間に限った数字だが、初めて上野動物園の月間入園者数を上回り、年間百四十五万人もの方が来園してくださった。さらに、二〇〇五年には、七、八、九月の三ヶ月間、上野動物園を入園者数で上回った。その後も大勢の方が来園され、「日本一の動物園」とマスコミで騒がれるようになってしまった。

一般的に公立動物園の年間入園者数は、所在する都市の人口程度あればよしとされてきた。旭川《あさひかわ》市でいえば、三十六万人である。それでは物足りないと、五十万人ぐらいの方が来て下さるといいなと考えていたが、いまの状況は、夢のようなというより、信じられないというしかない。もはや「奇跡」である。

旭山動物園は、日本で最北に位置し、一年の半分近くを雪に閉ざされ、交通のアクセスもけっしていいとはいえない。

話題を呼ぶ動物はいない

しかも、上野動物園のパンダのような「珍獣」もいない。百五十種近い動物はいるが、どこの動物園でもみることができる動物がほとんどである。

単純に考えれば、不利な条件が少なくない。しかし、そうした条件を不利だとは考えなかった。私たちは、上野動物園にはなれないし、なる必要もないと思う。不利な条件も、知恵をしぼれば克服できるはずだ、と考えたのである。

失敗は数知れずしてきた。

しかし、成功もある程度手にすることができた。その試行錯誤のなかで得てきた経験の一端を本書で纏《まと》めることで、何か皆様のお役に立てることができればと思う。

私も定年まであと三年の団塊世代の〝サラリーマン園長〟である。

サラリーマンの「可能性」も「限界」も組織の人間として味わってきた。

念のために記しておくが、ここに書かせていただいたことは、私や旭山動物園のスタッフたちが、頭だけで考えたものではない。園内にいる野生動物と向き合うことによって、動物たちから教えられたことがほとんどだ。それを私が代表してお伝えするだけである。

旭川市旭山動物園
園長　小菅正夫

第一章

「旭山動物園」復活プロジェクト

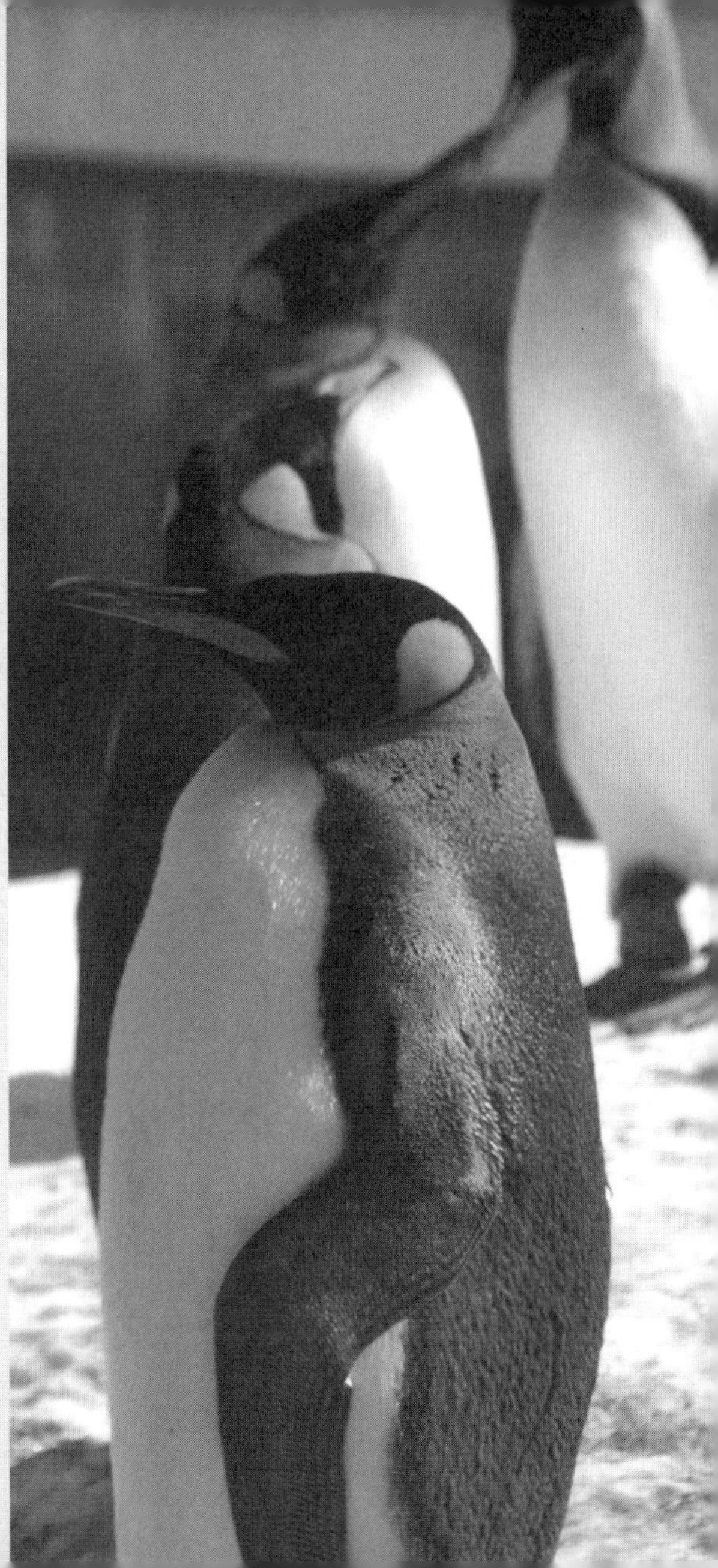

1　「珍獣」がいなくてもお客さんが増える秘密

「見せ方」の工夫

「旭山動物園には、上野動物園のように、パンダなどの珍獣がいるわけでもないのに、どうしてこれだけの人気が集まったのでしょう」

よくそんな質問を受ける。

ペンギン、アザラシ、ホッキョクグマ、オランウータン、ニホンザル、ゾウ……、旭山動物園にいる動物は、どこの動物園にもいる種類だから、そういう質問がでるのも当然といえば当然だろう。

質問に対する答えを一言でいえば、「見せ方を工夫したから」である。それまで動物園は、動物の姿形を中心に見せてきたが、その方法を根底から変えたのだ。

見せ方と言っても、動物に「曲芸」をさせるわけではない。「曲芸」をさせて、「お上手、お上手」と喜んだとしても、人はその動物を尊敬するわけではない。無理やりさせられているとしたら動物は辛《つら》いだろうし、その動物の素晴らしさを伝えることにはならない。

私たちが何よりも優先して考えたのは、その動物にとってもっとも特徴的な能力を発揮できる環境を整えることである。

人間にたとえれば、ボールを遠くに投げる能力のある人にその能力を生かせる環境を与える、歌の上手な人には、その歌声を披露できる場を提供する。

たとえば、職場でいえば、計算が速く正確な人にはその力を発揮できる仕事を与える、語学ができる人にはそれが存分に生かせる仕事を任せる……といったことと似ている。

能力を発揮させる「環境」

人間でも、自分が誰にも負けない能力を発揮できる場を与えられて、それを人に評価されれば、そんな嬉《うれ》しいことはないだろう。勉強でも、運動でも、仕事でも、もっとやろう、もっと上手《うま》くなりたいと思ってますます能力を高めていくだろうし、イキイキしてくるはずである。

動物も同じだと思う。ほかの動物にはない、自分だけが持つ能力を発揮できる環境を提供されたいのだ。

円柱トンネルをアザラシが泳ぐ

ペンギンはただ歩かせると人間よりも遅いし、ヨチヨチ歩きで、どことなく頼りない。しかしいざ水中に入ると、驚くほどのスピードで、まるで空を飛んでいるように泳ぐ。ペンギンは空を飛べない鳥の代表だが、水中トンネルではやはり鳥類なんだなと改めて納得する。

ホッキョクグマは、その迫力と泳ぐときの毛並みの美しさが特徴だ。ほっきょくぐま館には大きなプールがあり、ときには透明なガラス越しに見える人間をめがけて飛び込む瞬間を目にすることができる。ちょうど見ている人の目線に飛び込んでくるので、その迫力に思わずのけぞる人も多い。

アザラシは泳ぎが上手い。あざらし館の透明な円柱トンネル（マリンウェイ）では、その秘密がよくわかる仕組みになっている。これまでの動物園では、アザラシは水槽の上からしか見ることができなかったので、どのようにして泳いでいるのかがわかりにくかった。しかし円柱トンネルをつくることで、三六〇度、あらゆる角度からアザラシが泳ぐ姿を観察できるようになったのである。

あるとき、アザラシを研究している人が嬉しい感想を手紙で寄せてくれた。研究者曰《いわ》く、「これまでアザラシが泳ぐとき、どのようにして足を動かしているのかわからなかったのですが、旭山動物園に来て初めてその動きが解明できました」。

オランウータンが空中を歩く

オランウータンの空中散歩も人気である。

オランウータンの握力は強いため、たとえ高さ十七メートルの場所に置かれても、水平に張られた長さ十三メートルのロープを片手で軽々と渡っていく。

強い力といえば、チンパンジーも力が強い。以前、チンパンジーと人間で綱引きをさせたことがあった。大の大人が三人掛かっても、チンパンジー一頭にはかなわないことがわかった。この企画は担当の飼育係が定年でいなくなったので、いまはやっていないが、負けた側の人間は、チンパンジーの力を実感できたはずである。

一方で、動物園の鳥といえば、羽を切って飛べない状態で展示しているケースが多い。しかし、三千平方メートルはある「ととりの村」は、地上十四メートルという高さに網を張って、巨大な鳥かごにしたのだ。ここでは、鳥たちが堂々と羽ばたいて飛んでいる。これだけのスペースがあれば、人間が近寄ってきても、安心して逃げられるという余裕から、鳥たちが人を怖がらないため、間近で観察できるし、カッコよく飛ぶ姿を見ることができる。

動物も人間も「自分らしさ」が大切

こうしたそれぞれの動物の持つもっとも特徴的な動きなどを見せる展示の仕方を、「行動展示」と名付けた。参考のために記すと、動物の姿形で分類して、おもに檻《おり》に入れて展示するという従来からある展示方法を「形態展示」、動物の生息環境を園内に最大限再現して展示する方法を「生態的展示」と呼ぶ。

私たちは、動物それぞれの能力を発揮できる行動展示を行うことで、動物がイキイキすることを、飼育する中で確認してきた。なぜわかるのかと言えば、長く飼育を担当し、様子をつぶさに観察していると、彼らの感情が手に取るようにわかるようになるのだ。

また、イキイキする動物をみることで、人間の側も嬉しくなり、元気になることも、入園者の声を聞いたり、表情を見ていてわかった。

野生動物と向き合い、園長として動物園のスタッフをみていて思うのは、動物も人間も、「自分らしさ」を発揮できる環境はなにものにも替え難いということである。

おそらく企業など人間の組織でも同じことが言えるのではないか。会社でもそれぞれの人の得意分野によって仕事が割り振られ、イキイキした社員がたくさん活躍する会社になれば、組織が活性化する。反対に光り輝く社員が少なくなると、会社自体に活気がなくなる。

2　予算がなくとも知恵を出し合う

動物園閉鎖の危機

いまの展示の仕方は、一朝一夕にできたわけではない。

閉園の危機というどん底から這《は》い上がるために、みんなで何度も何度も話し合い、知恵を出し合い、それを行動に移し、そして数多くの失敗も重ねた結果できたものだ。

「何とかしなければ」と思い始めたのは、一九八〇年代の後半から。動物園の入園者数が下げ止まらなかったからだ。当時、私は飼育係長。市役所の担当者から、「このままでは動物園が駄目になるよ」と言われた。まさか閉園はないだろうと思ったが、危機感を抱いたのは言うまでもない。

しかし当時、動物園には予算が回ってこない「冬の時代」だった。

八〇年代後半といえば、バブル経済が華やかなりし頃。ほかの公立の動物園では、かなりの予算が回ってくるらしく、「五億円やるから、新しい動物舎を一つ考えなさい、と役所の担当者に言われて慌てたよ」という動物園関係者の話も何度か耳にした。そうして公立動物園の多くは改装し、新しい設備に衣替えしていった。

気がつくと、われわれの動物園は、「全国動物園、古い施設ランキング」がもしあったとしたらトップクラスに位置するほどの状態になっていた。

それでも予算がつかないのだから仕方ない。かといって何もしないでいると、お客さんは減る一方だ。

このままじゃ、悔しい。

お金がなくても、できることがあるはずだ、できることから始めようと考えた。

三十年続く「勉強会」

旭山動物園には、定期的に勉強会を催す伝統がある。私が入園した二年後の七五年（昭和五十年）以来の伝統なのだが、最低でも月一回は、必ず勉強会を開いているのだ。

当初は、われわれ新人が経験豊富な先輩からいろいろと教えてもらおうという趣旨で始まったのだが、回を重ねるにつれ、自分の飼育している動物に関する報告や、展示の仕方に関する報告・批評、各自が関心を持っている研究テーマに関する報告をする会に発展していった。いい加減な発表なぞしょうものなら、「そんな話はみんな知っているぞ」というヤジが飛んでくるほどの真剣勝負の場である。

危機から脱出するときに、この勉強会が有効に機能した。会を開く回数は増え、月二、三回開かれるようになった。

まず、「動物園とは何をするところなのか」といった動物園の存在意義の確認から始めた。

動物園の四つの役割

動物園というのはレクリエーション、つまり娯楽施設だと思っている人が多いだろう。しかし、厳密に言えばそれだけではない。詳しくは、後述するので、要点だけを紹介すると……、

「動物たちと一緒の楽しい時間を過ごし、その中で動物たちの素晴らしさを感じてもらい、それがきっかけとなって、『動物たちを保護したい』、あるいは『動物の生きる地球環境を守るためには、何をすべきなのか』などを考える意識を育てる。また、動物園は、『希少

動物の保護・繁殖』に関わり、さらには、野生動物医学など、『学術研究の場』でもある」ということになる。

整理すれば、「レクリエーションの場」「教育の場」「自然保護の場」「調査・研究の場」の四つの役割がある。

こうした「動物園に携わる者としての基本スタンス」は、いまでも朝礼や勉強会など、さまざまな機会を使って、徹底し、確認している。極端にいえば、その基本に関して、飼育係が共通認識を持っていれば、あとはそれぞれの飼育係に考えさせる。それをうまく動物園づくりに生かしていけばいいのだ。

アムールヒョウからの洗礼

動物園の役割を果たすには、まず、人に来てもらわなければ始まらない。かといって娯楽性が強すぎたり、動物に「芸」をさせてしまったのでは、動物園の本筋からは外れてしまう。

飼育係は知恵をしぼりあった。前述した「動物園とは何か」というテーマを踏まえて、「われわれは何をしなければならないのか」、「動物たちを通して何を見せ、何を訴えるべきか」、そして「動物たちに何をするべきか」といったテーマを根本から考え、理論構築していったのである。

私を含め、飼育を担当している者にとって不思議でならなかったのは、一般の人が園内の動物を見てもつまらないという感想を抱くことであった。飼育をしていると、その最中に見せる動物の表情や行動は、面白くて仕方がない。私自身、動物園に就職してほんとうによかった、こんなに面白いことをして、給料をもらっていいのかと思ったほどだ。なのに、「つまらない」という感想を抱くことが信じられなかったのである。

彼らの持つ迫力や運動能力は素晴らしい。

就職して間もないころのこと、アムールヒョウから洗礼を受けた。初めて夜警を任されたときだ。先輩の飼育係と二人で回った。何事もなくアムールヒョウの寝室まで来ると、いない。おかしいなと思った次の瞬間、下からバーンと跳び上がってきた。十センチぐらいしか離れていない小さな窓にあのヒョウの顔と口が突然現れたのだ。思わず「ワーッ」と大声を上げていた。ほんとうに驚いた、といってもその恐ろしさは伝わらないかもしれないが、とにかく肝をつぶした。一緒にいた先輩は横で喜んでいたが……。

それからシカも、一般の方は奈良県の奈良公園にいるシカを思い浮かべて、少々なめているかもしれない。

私も柔道をやっていたから、シカを捕まえるぐらいおやすいご用だと思っていた。しかし相対して驚いた。捕まえようとした瞬間、助走なしで私の頭の上を跳び越えたのだ。私の耳にシカの足が当たったから、一メートル七十センチは跳んでいるはずだ。あの跳躍力には驚いただけでなく感動を覚えた。

ホッキョクグマの迫力を、身をもって体験したことがある。投与した麻酔の効きが浅かったのか、私が檻にいる途中でムックリと立ち上がってしまい、私は檻の中で一対一になった。当時の係長に、麻酔薬を持ってきてくれと叫んだのだが、薬を待つ間の長いことといったらなかった。このときはほんとうに冷や汗が出て、生きた心地がしなかった。ホッキョクグマはどんどん麻酔から覚めて意識がはっきりしてくる。檻の中では一対一。発作的に、ホッキョクグマの背中に乗った。腹に摑《つか》まるとやられると思ったからだ。このときのこともいまだに夢の中に甦《よみがえ》ってくる。ホッキョクグマにガブッと食いつかれる瞬間に目が覚めるのだ。

飼育係のワンポイントガイド

野生動物は、迫力ばかりではない。私は、知的な部分をいくつも目にしてきた。たとえば、水の飲み方一つでも、動物によって違うのだ。テナガザルは、手指の第二関節の甲の毛に水をつけ、それをしゃぶるようにして飲む。チンパンジーは、木の葉を細かく折りたたんでから水につけ、水をすくい取って飲む。このように、それぞれの体の特徴を生かしたり、生息環境に合わせながら、目的を達成するための知恵を持っているのだ。

これはほんの一例で、それぞれの動物は皆、素晴らしい能力を持っている。

そんなふうに自分の経験を振り返っていたとき、ふと思った。入園者に、飼育係と同じ「距離」で動物を見せるのは難しいけれども、もっと動物と人の「距離感」を縮められないかと。

そこで出されたアイデアの一つが、動物舎の前で、自分が担当する動物の説明を入園者に向かってするということだった。これが「ワンポイントガイド」だ。

なにしろ、それぞれの動物を誰よりも知っているのは、飼育係なのだ。その一端を披露するだけで、面白いガイドになるはずだった。

しかし、肝心の飼育係の中には不満を口にする者もいた。「自分は口下手だから飼育係になったのに、しゃべるのは嫌だ」とか、「説明するのは飼育係の仕事ではない」と言うのだ。

彼らの気持ちは理解できた。しかし、当時のわれわれにとって、一人でも多くの「ファン」を増やすことがなんとしても必要だった。このまま入園者数が減れば、動物園に無駄遣いをするなという声が市民からも上がるかもしれない。しかしそうした動きを食い止めてくれるとしたら、おそらく動物園のファンになってくれた市民であろう。

家族の前で予行演習

これからやろうとしていることは、大道香具師《やし》に比べればはるかに楽なはずである。大道香具師は興味のない人を引きつけなければならないけれども、こちらは興味を持って来園してくれた人に話しかけるからだ。

半年間、話し合った結果、みんなが納得してくれ、ワンポイントガイドはスタートすることになった。

話すのが苦手な飼育係は、最初はあらかじめ原稿をつくったり、家で妻や子どもを前に予行演習したりしながら、頑張った。なかには紙芝居や粘土細工をつくって説明する者もいた。

いざ、やってみると、最初はうまくしゃべれなかった飼育係も、回を重ねるごとにそれぞれの個性を出せるようになった。

試行錯誤の中でいろいろなことがわかった。

たとえばオランウータンならば、「握力が強い」といった、本に書いてあるようなことを話しても興味を示してくれない。「モモの性格はすごく甘えん坊で、昨日飼育しているとこんなことがあったんですよ」などと、動物にまつわるエピソードを話したりすると、関心を持って聞いてくれる。

キリンのうんこはどれだ？

ライオンのライラは、どういうところで育って、どういうふうに飼育されているのかというように、飼育係だけが知っている身近な情報を前置きに話を進めていくと、関心を持ってくれたりした。また、そうすることで、動物に愛着を感じてもらえた。

ワンポイントガイドを発展させて、クイズを採り入れる者もいた。たとえば、動物のうんこを並べて、「キリンのうんこはどれだ？」という質問をしたり、ある動物の鳴き声を聞かせて、動物名を答えさせたり……。

たんなる知識ではなく、動物をしっかりと観察していないと答えられないクイズをだすようにすることで、入園者を引きつけられた。

本当の動物の姿を伝える

動物に特徴的な動作を紹介することも効果的だった。キリンは高い場所にあるエサを食べるために進化した動物だから、長い首や舌を使ってエサを食べる。それは当たり前の姿だが、草が地面の上にあったらどうやって食べるか。長い足をどうやるのかと疑問に思うが、前足を広げて頭を下げて食べるのである。

動物はいつもエサをくれる飼育係には人一倍の愛着を持っていて、動きも活発になるので、飼育係の思惑通りの行動を導きだせる。これもプラスに作用した。

エサをやる風景を見せる「もぐもぐタイム」も、ワンポイントガイドの発展型である。たとえばアザラシの場合、好きな食べ物であるホッケを与えながら、アザラシの性格を話す。

アザラシのもぐもぐタイムには、環境保護に関する話もする。最近の話でいえば、二〇〇五年七月に、北海道の知床《しれとこ》が世界遺産の指定を受けたことに関連して、こんなふうな呼びかけもする。

「ゴマフアザラシは知床と関係が深いんです。彼らは、冬の流氷に乗ってやってきますが、流氷の上で出産して子育てもする。もし子育てをする場所にゴミが捨てられていて、子育てがしにくい環境になっていたらさびしいですよね。海に限らないけれども、自然の中にゴミを捨てないようにしてください。世界遺産に指定されたことがゴールではなく、自然を守り続けることが大切ですからね。アザラシをみて、環境のことも考えてほしいなと思います」

飼育係が行うさまざまな工夫に対する入園者の反応は上々だった。「動物園、最近がんばっているね」という声が聞こえるようになった。市役所も、「何か応援するよ」と言ってくれるようになった。

入園者に語りかける

正直言えば、ワンポイントガイドによって入園者数が増えたわけではなかった。他の動物園の関係者からは、「そんなこと、よくやるな。どうせ長続きはしないさ。労働強化だって言ってくるやつも出てくるぞ」と嫌みを口にする人もいた。

しかし、ワンポイントガイドは、次のステップに進む貴重な財産を残してくれた。

たとえば、自分たち飼育係が持っている動物の知識と、一般の人が持っているそれとはかなり差があることがわかった。しかも大人が知っているレベルは、子どものそれとさほど変わらないということもわかった。だから、子どもに面白いことを話せば、それは大人にも同じく興味深いものだということも発見だった。

さらに、一般の人が、動物のどこに興味を示し、何に関心を示さないかについても、実際に面と向かって話してみることで、よくわかった。不思議だと思われるかもしれないが、本当にそうなのだ。飼育係は同じ業界の人とはよく話すが、一般の人とはあまり話さないから、本当にそういうことは知らないのだ。

飼育だけをするのではなく、入園者に語りかけてみる。それが、いわば市場調査のようなものになった。動物のことをよく知っている飼育係が、入園者は何を知りたいと思っているかということもつかめた。あとはそれをマッチングさせればよかった。その成果が、いまの施設に十二分に生かされている。

高価なパネルよりも手書きポップ

みんなから出されたアイデアの二つ目は、「手書きポップ」であった。

ポップというのは、動物の説明をするために、飼育係が直筆で書いたパネルのことだ。書店に平積みされた本の横に、宣伝文句を書いた手作りの広告を目にすることがあるだろう。あれと似たところがある。

通常、動物園のパネルといえば、印刷をして、しっかりしたパネルに入っているものを想像する人が多いかもしれない。しかし当時の旭山動物園には、それをつくるだけの予算がなかった。そこで、飼育係が直筆で書き、定期的に書き換えるようにしたのだ。そのほうが、動物が生まれたというニュースや、ほかの動物園から来たというお知らせをすぐに告知できる。つまり新しい情報に随時更新できるというメリットがあった。

手書きポップをいくつか紹介してみよう。

①最新ニュースを伝える

○タイトル「キングペンギンが子育てをしています」

「7月28日にヒナがフカしました。子育ては両親が交代で行います。エサは親が食べたのを吐きもどして与えます。ヒナは約9か月で巣立ちます」

○タイトル「ただいま換羽中です」
「羽がボロボロになっているペンギンは、羽が新しく生えかわっているところです。換羽中は出血しやすく、もし出血しても、私たち飼育係がちゃんと観察していますので、心配しないでください」

○アムールヒョウの自己紹介
「7月21日に、広島市安佐《あさ》動物公園から旭山動物園にやってきました。現在1歳で、名前は「アテネ」と言います。当園のビッグのひ孫にあたります。ヨロシクネ！」

《その下には、同じ安佐動物公園から来た「キン」の紹介もある》

②五感を使って野生動物を知る

○タイトル「あざらしってこんな……」

「ぬれている時の毛は、ペッタリと体にはりついているけど、かわくとこんなにフワフワになるんだよ！」

《アザラシの絵の下には、その毛に触れるように、実物の一部が置いてある》

○タイトル「トラのしましま」
「トラのしましま模様は一見ハデにみえます。しかし、森林・背丈の高い草むらにひそむと、迷彩模様になり、狩りをする時に、獲物に気付かれずに待ち伏せしたり、近付いたりできる保護色になっています」

《ここまでは図鑑などにも書いてあるかもしれない内容だが、その下に紹介されている写真が面白い。「人の目で見たトラの見え方」と「シカの目で見たトラの見え方」が比較対照できるようになっている。見ると、トラのしましまは、色の見えないシカからは判明しづらい模様であることがわかる》

○タイトル「どうしてゾウとペリカンが……？」
《ゾウと同じ場所にペリカンが暮らしている。その理由を書いたポップ》

「動物園で飼育されている動物たちは、限られたスペースで暮らしているので、どうしてもひまな時間ができてしまいます。そこで『ゾウとペリカンを一緒に飼って、お互いに気になる存在をつくれば、退屈しないんじゃないか?』と考え、同居させることにしました。このように動物たちをより良く過ごさせてあげる取り組みを『環境エンリッチメント』と言います」

③コラム

○タイトル「奥様ここで　もう一品!」

「エゾシカの肉はヨーロッパでは高級食材とされ、脂肪も少ない健康食品です。道庁では、エゾシカ増加による農林業被害のくい止めと北海道の新たな食資源としてシカ肉の流通システム確立に取り組んでいます。担当者がこんなこと書くのもどうかと思いますが、お刺身とかステーキを食べたことがあります(もちろん旭山のシカじゃないですよ!!)。食べたことがない方、ぜひ食べてみてください。おいしいですよ。道外の方はおみやげに」

④注意のポップ

《ヒョウが真上に敷物のように見える場所には、次のような注意書きがある》

「ユキヒョウたちはこの場所がとても気にいっています。下から突っつくなどいたずらをされるとこの場所を嫌いになってしまいます。絶対にいたずらをしないでください」

⑤喪中（死亡告知）

○キリン（タミオ）

「2004年8月17日に死亡しました。日本で2番目に高齢のオスのキリンでした。（タミオ　1983年1月22日生まれ　1984年6月3日来園）」

これもよいアイデアだった。

なぜなら、目をとめて読んでくれる率が高くなったことだ。お金をかけてつくったパネルよりも、手作りでつくったポップのほうに入園者は目を向けるからだ。

それはなぜだろう。ある入園者が、「パネルから、飼育係の動物に対する愛情や思いが伝わってくる」と言ってくれたが、たしかにそうかもしれない。読めば簡単なように思うかもしれないが、これは動物園とは何か、何をしなければならないかをしっかりと理解していないと、できないことなのだ。ここに紹介したのは一例である。ほかにもたくさんあるので、来園されたときには、ぜひ読んでほしい。

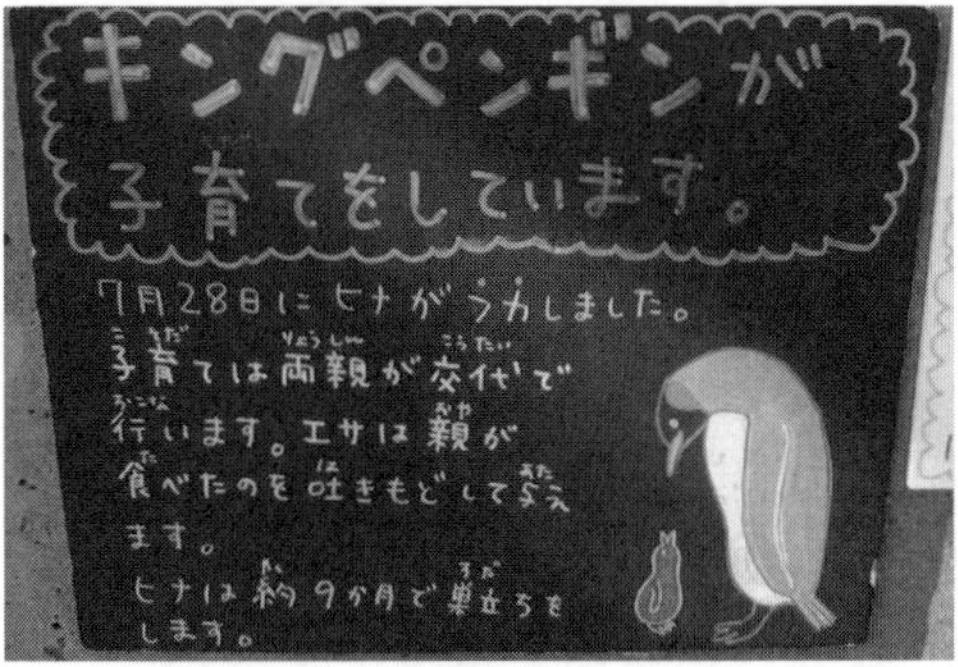

▲担当の飼育係が「情報」を伝える

▲動物の「死」をあえて告知する

3　予算がなくともアイデアで話題をつくる

好評を得た「夜の動物園」企画

動物園に来て「つまらない」という感想をもらす人の理由を聞いてみると、「ライオンやトラ、ヒョウなどが寝ているだけで、動かないから」という答えが多い。

二十年前には、動かないなら動かしてやろうと、ライオンのたてがみに煙草の火を付けるという、とんでもないことをする大人がいた。私は一報を聞いてすぐさま駆けつけてライオンに水をぶっかけ、大事には至らなかったが、最悪の場合、ライオンの毛に火が回って大やけどを負うことも考えられた。チンパンジーの檻にも火のついた煙草を投げ入れる不心得者がいた。当時煙草を吸うチンパンジーのショーが行楽地などで行われていたので、それと同じことをやろうとしたのだろう。するとあろうことかチンパンジー（名を悟空《ごくう》という）の真ん前にあった麻袋に煙草の火が燃え移り、悟空が炎に包まれそうになった。発見が早かったので、私が水をかけて消火したのだが、当人は不満だったようだ。余談だが、なぜ水をかけられたかわからないため、それ以来、ずっと私のことを恨んでおり、私が近寄るとギャーギャーと騒いで、睨《にら》むのである。

話がそれてしまったが、たしかに、わざわざ来たのに、まったく動かない動物を見るのは、物足りないだろう。その気持ちはわからなくもない。しかし動物の生態をよく知っている私たちからすると、「それは仕方ないことだ」とも思う。

理由はこういうことだ。

ライオンやトラ、ヒョウといった、いわゆるネコ科に分類される動物は、早朝薄暮型行動なのである。だから昼間は寝ていることが多い。しかもそうした野生動物は、動物園では、飼育係がエサを運んでくるから、食べるに事欠くことはない。しかし彼ら自身や彼らの先祖が生きてきた野生の環境というのは、明日の命をつなぐ糧《かて》は必ずしも保証されていないばかりか、他の動物に襲われて死ぬかもしれないという状況にあった。いわば食うか食われるかという環境で生きてきたのである。

つまり、彼らは食料が十分得られないかもしれないという前提で、活動をしている。当然、無駄なエネルギーの消費はしない〝省エネルギー体質〟になる。だから寝ているのである。

だったら、夜も動物園を開ければ、夕暮れに動物が動いているところを見ることができる。そこで八七年から、八月の数日間だけ、夜九時まで開園する「夜の動物園」という企画をスタートした。

それによって、夜行性の動物が敏捷《びんしょう》に動き回る姿を堪能《たんのう》できるようになった。また、ライトによって浮かび上がる動物園も幻想的で、人気を呼んでいる。

それ以外にも、少ない予算でできる企画を行ってきた。

動物園の裏側を探検する

この企画では、動物たちの寝室など、通常の動物園の観覧コースでは見ることができない動物園の裏側を、飼育係が案内する。(予約制)

雑誌の創刊

動物園と動物のことを知らせたくて、八一年に創刊したのが、旭山動物園ニュース「モユク・カムイ」。エゾタヌキのアイヌ語をタイトルにしたこの雑誌をつくるときも、はっきり言って、予算はなかった。表紙の絵は、いま絵本作家として活躍している、かつての同僚・あべ弘士《ひろし》が描いたし、内容も飼育係が手分けして書くなど、手作り感いっぱいの雑誌である。印刷は、市役所の庁内で印刷してもらうなど、節約した。この雑誌は、いまも園内で配布している。

サマースクール、親子動物教室

サマースクールは、七四年から始めた企画で、小学五、六年生を対象に、動物舎の掃除や餌づくりを、飼育係に教わりながら手伝うというものだ。夏休みの三日間、定員五十名でいまも続けているが、予約がすぐにいっぱいになるほどの人気企画に育っている。

親子動物教室は、親子が参加して、飼育係の案内で、動物を観察したり、生態を聞くという企画だ。

絵本の読み聞かせ

子どもや親子連れに、動物の登場する絵本を読み聞かせする企画だ。ただ読み聞かせて終わりというだけでなく、登場した動物にまつわる話を私がする。作品の中には、動物をずいぶん擬人化して描いている場合がある。物語の中ではそうかもしれないが、実際の動物はそういうことはしないんだよ、と正しい動物の知識を伝えるのだ。私が出席できないときには、飼育係の誰かが必ず顔をだして話をするようにしている。

ここで紹介したのは一例だが、こうした企画を続けることで、少しずつ旭山動物園のファンが育っているなという実感を抱くことができた。

4　「理想の動物園」とは何か

「理想の動物園」プロジェクト

ワンポイントガイドや手書きポップ、そして動物園裏側探検など入園者と直接触れあうことによって得た財産は大きかった。

「こんな施設にしたら、もっと動物の特徴を知ってもらえるのに」とか、「この施設のここをこうしたら、もっと見やすいのに」、あるいは「こういう施設だったら、動物が安心して暮らせるから、見に来た方にもよい状態の動物を見せられるのではないか」といったアイデアが、飼育係から出始めていたのである。

当時の菅野浩園長から、「いまはお金がないかもしれないが、みんなで話し合って、施設のアイデアを出してみたらどうだ」という助言もあって、それ以来、飼育係が夜な夜な集まっては「理想の動物園」について、話し合い始めたのである。

〈鉄は熱いうちに打て〉という諺《ことわざ》があるが、アイデアもスタッフの想いが熱いうちに、煮詰めていくのがいい。

話し合いの主要メンバーは、私の先輩で、天才肌の飼育係・牧田雄一郎、今は副園長をしているが当時は新人の坂東元、それから先ほど紹介したあべ弘士と私の四名だ。

「世界一の動物園」の夢

それぞれが、日本各地の動物園や海外の主要動物園で見聞きしたことを紹介しながら、いままでにない展示の仕方を話し合った。実現性などあまり考えないで、口々に好き勝手な、いろいろなアイデアを出し合った。みんなの頭の中では、「世界一の動物園」ができあがっていた。

なかには「海鳥館」という壮大な施設をつくろうというアイデアがあった。全体をドーム型にする。その中に、二十メートルの絶壁をつくり、そこに滝を再現する。深い滝壺《たきつぼ》をつくり、鳥はその滝壺にいる魚めがけてダイブする。それをくわえて巣に戻ってくる……。

そのシーンを下から見ると、ものすごい迫力だろう。しかしよく考えたら、そんな鳥をどこで捕まえてくるのかとなると難しかったし、建築家に聞いたら、縦横二十メートルの施設をつくるのは不可能だということがわかった。

　これはほんの一例で、実現不能のアイデアも限りなく湧いて出た。話はしばしば盛り上がり、二、三時間はあっという間に過ぎた。家路につくのは、夜十一時を過ぎることも珍しくなかった。

十四枚のスケッチ

　そうしたアイデアを、あべが絵に起こした。それが後になってマスコミでしばしば紹介されることになった「十四枚のスケッチ」である。ほんとうのことを言えば、もっとたくさんのスケッチが描かれたのだが、紛失してしまったのだ。

　ときどき、「考えたところで、ほんとうに実現するときがくるのだろうか」と不安になることもあった。しかしそれも一瞬だけ。次の瞬間には、「いやいや、やっぱりやらなきゃ」「絶対オリジナルのものをつくってやるぞ」と考え直した。

　その後、エキノコックス症という感染症で園内の動物が死ぬという騒動が起き、それがきっかけになって動物園が一時閉園するという事態に陥った。それについてはあとで詳しく書くが、再開したあとも入園者は二年ほど戻らず、年間入園者数は二十六万人に落ち込んだ。最悪の状態だった。

しかししばらくして旭川市長が交代したことで、局面が展開し始める。菅原功一《すがわらこういち》市長は、市民が楽しめるテーマパークの建設を公約に掲げていた。しかしバブル崩壊後で思うように資金が調達できず、ならば旭山動物園を何とか改修できないかと思い始めたのだ。

アイデアが実現していく

ある日、市長から呼び出しがかかった。園長になって間もない私の話を聞かせてほしいというのだ。約束の時間は三十分しかなかった。私はみんなで話し合った動物園の構想を無我夢中で話した。三十分を過ぎたことも忘れてしゃべり続け、ようやく話し終えたときには二時間がたっていた。おそらく市長には、私との面談のあとには予定があったと思われる。しかし嫌な顔ひとつせず聞き続け、話し終えたあとに「園長、有り難う」と言った。「これほど真剣に考えてくれていて嬉しかった」とも言ってくれた。

ちょうど同じ頃に、市議会でも動物園に関心を持つ安田佳正《やすだよしまさ》議員らが当選し、動物園をどうすべきかという議論が盛り上がってきた。そうした力が一つになって、理想の動物園を描いたスケッチが、一枚一枚実現していくことになる。

いま振り返って、不遇の時期に意味があるとしたら、お金はなかったけれど、動物園についてじっくりと考える時間が与えられていたということだと思う。市から、「予算がついたから、つくりたいものを何でもつくってくれ」と言われて、思いつきでつくったとしても、いまのようにはなっていないだろうなという気がする。

アイデアも熟成させる時間が必要だ。一度考えたアイデアを土台にして、そこに新しい考えを各自が持ち寄って再度練り直す。そういう作業をできたのは、意味のあることだった。

第二章

動物の側になって考える

1　学術的知識は、よい展示をつくる

ペンギンの散歩

いまや冬期の動物園の風物詩になった観のある「ペンギンの散歩」。雪が積もるころになると、十羽前後のキングペンギンが、ぺんぎん館から外に出て散歩を始める。すると沿道には、ペンギンの散歩を見たさに、人が集まってくる。みな通路の脇に陣取り、「花道」をつくっている。ペンギンの一団が近づいてくると、子どもたちは歓声を上げて、走り回ったり、大人は携帯電話のカメラやデジタルカメラのシャッターを切っている。

これは冬期の動物園の人気企画となったが、飼育係が「冬の大イベントにしてやろう」とか、「奇をてらった企画を考えよう」とかして始まったものではない。日頃のちょっとした観察と知識、そして、何よりもペンギンのために始めたものなのだ。

もともとキングペンギンは歩くことが好きなペンギンだ。特に冬場は泳ぐ時間が短いの

で、運動不足となり、太りすぎてしまうので、雪が降ったら、広場を歩かせてやろうと運動場に扉を用意していた。初めの頃は入園者が帰ってから外に出していたのだが、とにかく散歩したがるので、少人数のときに出してみたが、ペンギンたちは人間をまったく気にせず、堂々と歩いているし、入園者もマナーを守りとても喜んでいた。

そのうち、開園時間になると、出してくれと言わんばかりに、扉のところに集まり、開くのを待つようになった。それならと、出したところ、入園者が通る道を歩き始めたのである。

それが「ペンギンの散歩」のそもそもの始まりだ。

だから、ペンギンの散歩というのは、ショーのために、ペンギンを無理やり外におびき出したわけではない。あくまでもペンギンが歩きたいという態度を示したから力を貸し、楽しそうだから歩かせている。実は散歩したいペンギンのほうが多く、われ先に出ようとしているのだ。

動物の側になって考える

動物園の展示方法を考える場合、私たちがいつも念頭に置いているのは、動物の側に立って考えることである。

人気のあざらし館に関してもそうだ。

透明の円柱トンネルの中を気持ちよさそうに泳ぐアザラシを見た入園者から、私たちがときどき受ける質問に次のようなものがある。

「あのマリンウェイ（円柱トンネル）の中を通るように、どうやってアザラシをおびき寄せているのですか？」

大きな水槽に通された円柱の中を、なぜわざわざアザラシが通るのかと、不思議に思うのだろう。

もちろん、一般の人ならば、そうした疑問を持つのも仕方のないことだ。しかし驚かされるのが、質問をする人の中に、水族館関係者も含まれていることだ。

ふつう、専門家ならば、展示を見て、「なるほど、動物のあの習性があるからマリンウェイを通るんだな」とピンと来るはずだ。しかしその同業者はそうではなかった。

人間を「猫じゃらし」にする

では、なぜ、アザラシはマリンウェイの中を通るのだろう。

アザラシは、とても好奇心の強い動物で、マリンウェイ越しに人間が見えると寄ってくるのである。だから見に来る客が多いと、マリンウェイを通るアザラシの数は多くなるし、飽きると、また通らなくなる。ネコに猫じゃらしがあるように、アザラシにとっての「猫じゃらし」を人間がしているわけだ。

これは動物園の職員しか知らないことだが、閉園時間や、閉園の時間後に、誰も入園者がいないあざらし館に行くと、人恋しいのか、アザラシが寄ってくることがある。

それと、アザラシはもともとエサである魚を追うために、岩礁を猛スピードで駆けめぐっている。その習性がマリンウェイの中でも発揮されるのだと思う。

ホッキョクグマが、水槽に向かって飛び込むのも、アザラシと似ていて、透明ガラスで仕切られた水槽の向こうにいる人間の頭が妙に気になるから、ダイビングしてくる。ここにも、「猫じゃらし」の発想が生かされている。

あざらし館もほっきょくぐま館も、人間が猫じゃらしになる角度にいるということは、それだけ、迫力のある動物の動きを味わえるということを意味する。設計をする場合、どうしても人間（入園者）の立場でしてしまうが、「動物の視点」という、もう一つの視点をくわえて設計したことが、新しい見せ方につながったのだ。

クモザルとカピバラの失敗

動物の視点といえば、リスの展示にも言える。リスがいるケージには、奥行きをかなりとっている。だから見る人にしてみれば、見づらいかもしれない。しかし、リスが人間を危険と感じる距離ではストレスがたまるので、リスが安全だと感じる距離をケージの奥行きにとっているわけだ。見方を変えれば、あの奥行きがあるから、人間が近寄っても、リスは見える距離まで姿を現すとも言える。

ただ、失敗もあることを付け加えておく。それは「くもざる・かぴばら館」での出来事だ。

事故は二〇〇五年八月二十九日に起きた。カピバラのオスがクモザルのオスと水中で闘争となり、クモザルがカピバラの鋭い歯で嚙《か》みつかれた。

懸命の治療を施したのだが、その甲斐《かい》なく、死亡した。輸血さえ間に合っていれば助かった命なのだが、残念な結果になった。

クモザルとカピバラは、同じ中南米に生息する動物だ。カピバラの生活するエリアは地表。そして何かあれば水の中に逃げる。一方のクモザルの生活エリアは本来、樹上である。

尻尾《しっぽ》を木に巻き付けるのが上手なので、ほとんどを樹上で暮らしている。だから、本来は地面に降りてくる生き物ではないのである。両者は生活エリア（ニッチ）が違う動物同士なのだから、ケンカなどするはずがないというのが、われわれの予測だった。

こちらに読み違えがあったとすれば、クモザルが、代々動物園生まれだったということだ。だから野生の有り様がわかっていなかった。地面は危険だという認識が足りなかったのだ。もし野生のクモザルならば、あの事故は起きなかったはずだ。

カピバラは本来、草食動物だから、基本的に動物を襲うために嚙みつくことはない。しかし、身の危険を感じたときなどは、例外的に嚙みつくことはある。

カピバラの占有しているニッチに侵入してきたクモザルが不注意だったのだ。あの場合、クモザルはカピバラが、近づいてきた時点で、樹上に上がるべきだった。ところが何を思ったか、クモザルがカピバラにかかっていった。当然、カピバラのニッチである水中では、クモザルがかなうはずがない。それで死に至る重傷を負ったというわけだ。担当の飼育係も、クモザルのオスがカピバラの力量を過小評価していたことは確かだと言っていた。

クモザルが死んだのに呑気《のんき》なことを言っていると思われるかもしれないが、動物園でずっと生まれ育っているクモザルが、あのような野生の法則に反した行動を取ってしまったことは、人間に対する警鐘だと思っている。つまり、動物園のような場所で一種だけで暮らしていたら、自分の特性も分も、ほかの動物の素晴らしさもわからなくなってしまう。とても危険な状態だ。

今回の事故後、カピバラには何の変化もないけれど、クモザルは、あの事件でどうやらカピバラというものが分かったのか、あれ以来、絶対に降りて来なくなったので、事故はない。

生物は戦って「居場所」を決めない

このように異種の動物を同居させることを、「共生展示」というが、今後もやめるつもりはない。

この展示方法は、くもざる・かぴばら館が初めてではない。ゾウとペリカンは定着して、いまも共生展示されている。私は以前、キリンとホロホロチョウの共生展示を試み、失敗してしまったことがある。野生のキタキツネが園内に侵入し、ホロホロチョウをすべて持ち去ってしまったのだ。その後もチンパンジーとホロホロチョウの共生展示を計画しているが、未《いま》だに成功していない。

「日本一になるためには、何をやってもいいのか」というような批判があったが、私たちも目的があってやっている。

一つは、飼育をする環境で生活が単調にならないようにするための工夫である。異種ということで、刺激もあるし、それが彼らにとって豊かな時間となるからだ。

二つめは、自然の姿を見せたいという思いがあるからだ。

偉大な学者にして偉大な探検家・登山家である今西錦司《きんじ》。彼が「今西進化論」の中で言っているのは、生物は、戦って戦って居場所を決めるのではなく、自ずからあるようにある。これこそが自然なのだ。そのように自分の居場所を定めるのだ、ということである。そして、空いたところができたら、そこに違う種が入っていく。そういうようにして生態的地位（ニッチ）は形成されるとも言った。きわめて東洋的である。ダーウィンのように、争って争って、優位なものがそこに定着するという考え方に対する強烈な批判になっている。

棲み分け

その自然の姿を、動物園で見せたかったのだ。ゾウとペリカン、キリンとホロホロチョウ、クモザルとカピバラ、それぞれが、互いの存在を意識しつつも、しかし争わない。そんななかで、棲《す》み分けがなされている。

この「棲み分け」という言葉を、私は好んで使う。動物はすべて棲み分けで自然を共有している。そして共生している。そんな姿を動物園という器で何とか見せたいと思ってきたのだ。

自然界では、動物園のように、一種類の動物だけで生きているものはいない。何かしらほかの動物と共存している。一種類だけで固まって生きるというような、変わったことをしているのは、人間ぐらいだ。だからいろんなひずみが出る。人間もいろいろな動物と一緒に暮らすことはできないにしても、知らなければ危ないよというメッセージが、このクモザルの死には隠されているような気がする。

もちろん、クモザルの死を無駄にしないためにも、よりよい飼育環境を今後も探究していきたいと考えている。

2　ストレスのない環境は、動物をもハッピーにする

動物のストレス

「動物たちは、動物園にいてストレスを感じないのですか？」

お客さんから、この種の質問をたびたび受ける。

たとえば、オランウータンの場合、空中散歩の場所で、三個のピーナッツを獲得するために、十三メートルのロープを渡る。来園者の中には、「あんな大変な思いをして、あれっぽっちしか当たらないの（得られないの）」と疑問を持ったり、「僕なら絶対に行かない」という意見を言う人もいる。

しかしオランウータンは、行った先にピーナッツが三個でもあれば、それを求めて渡っていくのである。そして目当てのものが手に入ったときの達成感がたまらないのだと思う。ピーナッツを手にしたときにニコッと笑う、その表情がそれを裏付けている。報酬の多寡

ではないのだ。

ホッキョクグマにも同じような疑問が寄せられる。プールの向こうにいる人間をエサだと思って水に飛び込むのは、そのたびお預けをくらっているようでかわいそうだという声もある。しかしこれも違う。退屈しのぎにやっているから、意外とホッキョクグマ自身は楽しいのである。私が新人の頃、まだ古い施設だったが、私たちが通ると、わざわざプールに向かって胸を広げて飛び込んできた。まるで水しぶきを私たちにかけるようにだ。私たちも入園者もワーッと逃げる。それがホッキョクグマにしてみれば楽しいのだ。

「やることがない」ことほど辛いことはない

昔、ゴリラのゴンタがいた。砂を投げるのが好きで、ときどき入園者にもかけていた。かけては入園者がキャーと言って逃げるのを楽しんでいた。しかしあるとき、子どもの目に砂が入ったといって、親が抗議してきた。仕方なく人止め柵をずいぶん離れたところに移動して、投げても当たらなくした。そうしたら、「バカヤロー」と言っている客に砂で反撃できなくなって、すごくストレスがたまってしまったのだった。

つまりやることがないより、あったほうが何かしら楽しい。これは自分に引き当てればわかることではないだろうか。やることがあり、その目的が達成されることが幸福感につながる。やることがない状態ほど辛《つら》いことはないはずだ。

さる山というニホンザルの施設でも同じことが言える。彼らも忙しくエサを探しては食べている。たんに飼育係がエサを与えるのではない。

たとえば、さる山に行くと、ニホンザルが盛んに寺の鰐口《わにぐち》（参拝のときに鳴らす、寺の軒下につり下げられている仏具）のような、四角い木箱を揺すっているのが見えるだろう。あれは「ガチャガチャブーラン」と呼ぶのだが、あの中にはエサ（固形飼料）が入っていて、それを出しているのだ。

あるいは、さる山の上のほうに取り付けられた給餌機《きゅうじき》から、不定期にエサが落ちてくるという方法もある。

また、地面にまかれた木製チップの下や竹筒に、ヒマワリの種や麦といったエサを隠すという方法もある。

見方によっては、飼育係がサルをいじめているような印象を持つかもしれないが、サルというのは野生にいるときでも、活動している時間の半分近くをエサを探し求めるためにあてていると言われる。だからまとまったエサ箱からあっという間に食べてしまう状態のほうが、サルは退屈してしまうことになるのだ。

だから、エサを探しているうちにときを忘れ、獲得する喜びを得られたほうが、サルも楽しいだろうと思う。また、それによってサルがとてもよく動くので、生態もよくわかるし、見るほうも楽しい。人間ならば、あれだけ細かなエサを手で食べるのはたいへんかもしれないが、サルの手にも指紋があり、指先はとても器用で力強いので、小さいエサも滑らせることなく食べられるのだ。

環境エンリッチメント

ただ問題があるとすれば、サルの適応能力は高いために、新しい給餌方法を考えても、すぐに慣れてしまい、エサを食べる時間が短くなることだ。

さきほど書いた「ととりの村」では、水鳥が自由に飛べるようにした。またサイやゾウには泥遊びの場所と体をこすりつける太い木を用意した。

これはほんの一例だが、共通して言えることは、動物たちに「幸せ」を感じて生活してもらえる環境づくりに気を配っていることである。この取り組みを動物園の世界では、「環境エンリッチメント」と言う。

実は、飼育環境がよくなることで、繁殖行動にもよい影響が出ることがわかりつつある。繁殖活動を試行錯誤するうちにわかってきたことは、たんに動物が棲んでいた、いわゆる「生息環境」を動物園の中に再現しても、繁殖成績には結びつかないという事実だった。健康な動物ならば繁殖するはずなのに、しないということは、どこか体に悪いところがあるのではないかと健康診断を繰り返していたところ、精神的な要素が大きく関わっているのではないかという考えが浮かび上がってきた。

環境と繁殖

そこで環境エンリッチメントに取り組んだ。

リアンというメスのオランウータンに、広島市安佐動物公園から来たオスのジャックを一緒に住まわせたところ、一年目に繁殖に成功した。またヒドリガモという鳥はなかなか繁殖しなかったのだが、ととりの村という広い飼育環境にして二年後に日本で初めての繁殖が確認できた。

快適な環境は、動物たちの精神的なストレスを減らすだけでなく、動物にとってかけがえのない繁殖にもよい影響があるという因果関係が少しずつ明らかになってきた。

これらは、私たちが「学術研究」をしっかりしているからこそ、成し遂げられたことである。独自の展示の仕方の裏には、こうした分厚い専門知識・研究の成果があるのだ。

3　命を感じる動物園

動物に触れる

旭山動物園を訪れた方から、よく聞く感想に、「動物との距離がすごく近くて、迫力があった」というものがある。

ホッキョクグマもアザラシもペンギンもガラス一枚隔てているだけ。柵はあっても、ホッキョクグマの吐息がかかる距離で見ることができる。トラからは入園者がおしっこをかけられるほど近い。ヒョウなどは、民家の天井ぐらいの高さにある鉄の網に横たわっている姿が見える。真下から見ると、顔が見えないものだから、「よくできた絨毯《じゅうたん》だな」と勘違いする人も多い。

このように、動物との距離を近くしたのは、動物の素晴らしさを迫力満点に見せたいという思いがあったのは事実だが、動物の「命」を感じてもらうためでもある。

十年以上前に、こんなことがあった。

幼児にニワトリを触らせて解説をしていたとき、中学生が僕にも触らせてほしいと近寄ってきた。彼が鶏冠《とさか》に触れたとき、「温かい」と目を丸くしたのである。

私は思わず、その中学生に聞いた。

「君はニワトリが温かいことを知らなかったの？」

すると彼は、

「いえ、ニワトリは恒温動物ですから体温を持っています」

と冷静に答えた。

「じゃあ、なぜ驚いたの？」

と、さらに私が聞くと、中学生は、

「そうですね。何で驚いたんだろう」

と答えて、不思議そうにしていた。

つまり彼は知識として、ニワトリが恒温動物であることを知っていたのだが、触った体験がないから、生きているニワトリを認識できなかったのだ。

そういうことがあったので、市長が交代し、動物園に予算がつくようになって最初に造ったのが「こども牧場」である。

ここでは、ヤギ、ウサギ、モルモット、アヒルといった家畜やペットを抱っこできる。ここで子どもたちを観察していると、実に興味深い。たとえばウサギを見るだけだと「かわいい」と答えるだけだが、ウサギを抱っこさせた後だと「ふにゃふにゃしていた」とか「温かかった」、「やわらかかった」といった感想を言うようになる。

「死」を体験する

さらに子どもの行動を続けて見ていると、誰が教えたわけでもないのに、ウサギを両手でかかえ、自分の頭を下げて全身でウサギを包み込むのだ。私はその瞬間に「命」は伝わったと思う。命は覚えるものではなく、感じるものだからだ。

しかし、「命」を伝えきるには、さらにもう一工夫《くふう》が必要だ。

それは、「命」というのは、一度失われると取り返しがつかないという事実を知らなければ伝わったことにはならない。

最近、聞いた話で驚いたのは、「生物は一度死んでも生き返る」と思っている子どもが少なくないということだ。病院で死ぬことが多くなり、死が実生活から遠ざけられているからかもしれない。命の大切さを心に刻むには、身近な生き物の「死」を体験することが必要だ。愛していたものが死んだとき、たとえそれが動物園の動物であれ、素晴らしいと感動した動物が死んだときには、死を実感する。そうした体験があって初めて、かけがえのない命であることや、命は大切にしなければならないということを認識できるのだ。

そこで旭山動物園では、動物の「死」を通して、子どもに死の意味を伝えていこうと考えている。

「死」を伝える

具体的に行っていることは、次のようなことだ。

一つは、前記したように、動物が死んだことを、手書きのポップで知らせる活動である。動物が死んだ年月日、死因、死亡したときの年齢、動物が子どもを産んだことなどが書かれる。それを檻の前に表札のようにして掲げるのだ。

生きた動物、命がある動物を見せる動物園には奇異な行いだと感じる大人がいるかもしれない。しかし子どもたちは実にしっかりと、こちら側のメッセージを受け止めてくれた。

二〇〇四年にキリンが死んだときは、子どもたちから千羽鶴が寄せられた。ゾウが死んだときには、大好きだったリンゴが檻の前に供えられた。同じ年にホッキョクグマが死んだが、それを喪中のプレートで知った子どもから、花束が届いた。

残念なこともある。それは、ときどき、「動物園ってたくさんの動物が死ぬんだね」とか「動物に無理させているんじゃないの」というような声が聞かれることだ。真意が伝わらないのは残念なことだが、私たちの伝え方に問題があるのかもしれない。ただ、飼育係は次のような思いで野生動物に向き合っていることをわかってほしい。

仕事の失敗を伝えていく

最近、定年で退職したベテラン飼育係が、送別会で話したときのことだ。話してほしい内容は、「飼育係を三十八年間してきて、いま後輩に伝えたいこと」だった。しかし、彼の口から語られる内容は、「こんな失敗をしてケガをさせた、死なせてしまった」といった辛い話ばかりだった。なぜだかわかるだろうか。それは、そうした失敗が自分の心に突き刺さったままだからだ。事実、私が「成功したこともたくさんあるでしょう」と聞いたら、先輩は、「成功とかうまくいったことは一瞬でおわりなんだよ。失敗とか後悔がずっと残っている」と言っていた。おそらく、彼は死ぬまでその思いを持って行くはずである。

それは動物に込めた愛情の裏返しでもある。飼育係は決して動物が苦しむようなことをさせたくはないのだ。

話は戻るが、命を伝えるために、旭山動物園がやっているもう一つのことは、歳をとって動作が緩慢になった動物や、交通事故で片方の羽を失ったカラスや足をケガしたタヌキ、電線に引っ掛かって羽を折ったフクロウなども、ほかの動物たちと同じように展示していることだ。

これに関しても、当初、各方面から批判を受けた。総理府（＝当時、現内閣府）が定めた展示動物に関する基準では、傷病中の動物を見せて残酷な印象を与えることを避けるように定められている。北海道庁からは「基準を知らないのか」と釘《くぎ》を刺された。

「老い」を隠さない

一般の入園者からも「障害を見せ物にしている」という批判が届いた。ある学者からは、なぜあんな老いぼれた動物や、ケガをしている動物を展示するのだという声があったのも事実だ。

しかし、「老い」というのは、人間を含めすべての動物が等しく辿《たど》る道だし、動物の交通事故は人間が起こして、最悪の場合、動物たちの命を奪うのだが、ほとんどニュースにはならない。ケガを負った動物たちは、人間が与える悪影響の〝生き証人〟なのである。北海道の野生動物が置かれた状況を知らせるには、こうした展示は必要だと考えている。

私がつねづね言っているのは、「地球上に生きる生物の命はみな平等だ」ということだ。サルの命はたまたまサルという入れ物に入っているだけだし、ホッキョクグマの命もたまたまホッキョクグマという入れ物の中に入っているだけ。ペンギンの命もたまたまペンギンという入れ物に入っているだけだし、私たち人間の命も、人間という入れ物の中にたまたま入っているだけ。だから、命に優劣はない。命は、等しくかけがえのないものなのである。

第三章 動物から教えられること

1　動物から教えられること

アジアゾウの「アサコ」の死

動物の「死」といえば、私にとって忘れられないのは、「アサコ」というアジアゾウのことである。

私は、アサコから、死ぬときの野生動物のすごさを教えてもらった。アサコも含め野生動物は皆そうなのだが、淡々と死んでいくのだ。あまり死ぬことを重大視しないかのように。息を引き取るときの目を見ても、悟ったような目をしている。

人間なんて、ふだんは偉そうなことを言っていても、死に向かうときには、うろたえるものだ。私自身もおそらくそうだと思う。

さてアサコのことである。

彼女は、私が動物園に就職した当初からいたゾウで、動物園の中でも人気者だった。雪を食べるのが大好きで、鼻で雪玉をつくっては私たちめがけて投げて来るという茶目っ気のあるゾウだった。冬は鼻の先が冷たくなると、鼻を丸めて口の中に入れ、人が手を温めるように息で温める。日光浴が大好きで、氷点下三〇℃になっても外に出ていたのを思い出す。

アサコのもう一つの特徴は、ずっと立っていたことだった。一回も寝たことがない。横になって寝るゾウもいるのだが、アサコは違った。しかし齢《とし》を重ねるうちに、痩《や》せてきて、ゾウの体重の衝撃をやわらげる足裏のパッドまでが剝《は》がれる状態になってきた。あの厚いパッドが剝がれるなどということはにわかに信じられなかったが、化膿《かのう》して、いくら一所懸命に治療しても、くっつかなくなったのだ。一九九五年のことである。

さらに、立っていると頭を支えきれなくなった。重いのだ。そんな状態になれば、寝ていればいいのに、扉の桟に鼻を引っかけて何とか立っている。そんな状態でも、私がそばに行くと、鼻を近付けてきてくれて、大好きなリンゴを与えたり、「頑張れよ」と声をかけたりしていた。

死のメッセージ

そういう状態が一ヶ月ぐらい続いた九六年三月末、函館《はこだて》に出張があったので、出かける前にアサコを見に行った。するとと初めて横になっていた。ゾウは倒れてからが本当の戦いとなる。寝返りもできないので、数時間おきにわれわれが手伝って何とか寝返りを打たせなければならない。某動物園ではそれが三ヶ月続いたというのだ。嫌な予感はしていた。

案の定、函館に電話がかかってきた。ずっと見てくれていた先輩飼育係が「うーん」と唸《うな》っている。その先輩は、毎日夜中に来て、アサコに水を飲ませてくれていた。ゴクゴクと勢いよく飲めないから、タオルに水を染み込ませて水分を取らせていた。

函館から動物園に着いたのが夜中の十二時頃。するとアサコは横になっていた。近付いていって「アサコ」って言ったら、私の脚に鼻をくるくるとからみつけてきた。「うん、どうしたの」と、アサコの目を見ていたら、そのますすーっと息を引き取ってしまった。

俺は死ぬんだとか、辛《つら》いよとか、そんなことはおくびにも出さない。その死に方は見事としかいいようがない。こういう最期はゾウだけでなく他の動物もみんなそうだ。彼らは苦しくないのかと言ったら、決してそんなことはない。解剖してみると神経系などは、人とまったく同じだからだ。だからメチャクチャ苦しいはずだ。だけど苦しいとは動物は言わない。辛さも痛さも全部飲み込んでしまうのだ。それよりも、私が帰るのを待って、鼻をからみつけてきて何かを伝えようとしていた。「有り難う」、あるいは「さよなら」と言っていたのかもしれない。

享年五十六歳。動物園では五十歳を超えることは希《まれ》なので、とても長生きだったといえる。この話は旭山動物園で開催されている絵本の読み聞かせでも、ゾウの話が出るたびに話されている。

2 「不利な条件」を克服する

最北・厳寒の地にある動物園

私たちの動物園は日本で最北に位置するため、単純に考えると、本州のそれにくらべて不利な点が多い。旭山動物園がいまほど知られた存在ではなかった頃、動物園関係者からは気の毒がられていた。

旭川市は、北海道中央部に位置する上川《かみかわ》盆地の中心にあることから、内陸性気候で、夏は三〇℃を軽く超える日がある一方で、真冬には、寒波と大雪に見舞われ、氷点下二五℃を下回る日がある。

そんな気候だから、「間違っても冬には動物園に来ないだろう」と考える人が多く、旭山動物園は、開園した六七年以降、長く冬期は閉園してきた。

チンパンジーやオランウータンなどの一部の動物は暖房の利いた部屋から出せないもの

の、ゾウ、カバなど、大型の動物たちは、夏と同じような生活をしている。外に出ている時間が短いだけなのだ。

そこで、九〇年から、冬の動物観察会を始めた。

第一回目の観察会は、最低気温氷点下二七℃の中、六十人ほどが来園された。入園者の皆さんは、雪の中にいるキリンやゾウ、カバの姿に大喜びし、また動物たちも久しぶりの入園者たちが珍しかったのか、顔を寄せてくる場面があった。参加者の中には、「まるで動物たちに見られているような観察会だった」という感想をもらす人もいた。

それ以降、観察会の回数は一シーズン三回に増え、入園希望者も増えていった。

そこで九九年に、十一月七日から三月二十八日までを冬期開園期間として、スタートすることにした。開園時間は、夏期よりも短く午前十一時から午後二時までの三時間。開園する曜日も当初は、いまのような連日ではなく、金曜日から火曜日の週五日間とした。

冬まつりの人気者

観察会は、回数が「限定」されていたから希少価値があったので、人気があったかもしれないが、これだけの長期間開園するとなると希少価値が薄れるので、ひょっとすると入園者ゼロの日もあるのではないかという不安もよぎった。

しかしふたを開けてみると、冬期の入園者は二万六千六百六十七人と、予想をはるかに上回る結果となった。とくに旭川冬まつり期間中は、三日間だけ、六羽のキングペンギンを冬まつり会場に造ったペンギンの城で特別展示したところ、祭りの人気者になった。その人気は動物園にも波及し、できたばかりのぺんぎん館には大勢の入園者が詰めかけ、一日五千人を超える入園者数を記録した。駐車場に入れない車があふれ、大渋滞になった。(翌年も冬まつりに出してほしいという依頼があったが、せっかくまとまった群れを分断することはペンギンにとってよくないので、断った)

もちろんキングペンギンだけが人気を呼んだわけではなく、アムールトラが雪の中を走り回る迫力や、岩の上で日なたぼっこしているニホンザルの姿、雪を美味《おい》しそうに食べているキリンやゾウの姿、ゴマフアザラシが氷の穴から顔を出したり引っ込めたりする様子……など、全国でもなかなか見ることのできない雪の中の動物に感動の声があがった。

その後、ペンギンの散歩も人気の的となり、開園の前から、切符売り場には行列ができ、休みの日などは開園の時間を早める日があるほどになった。

寒さと雪。本州の動物園にはない環境で動物が見られる。そうした「オンリーワン」の魅力が、人々に届いたのだろうと思う。

山の斜面に動物園があるという不利

私たちの動物園は、以前は市民スキー場もあった旭山という山の斜面に建っている。建物を設計するにも、平面よりも斜面のほうが難しい。私自身も、ずっと不利だと思っていた。

しかし、東京の井《い》の頭《かしら》自然文化園で、カイツブリという水鳥の展示を見ていたとき、斜面は必ずしも不利ではないかもしれないというヒントが浮かんだのであった。カイツブリは浮かんでいる状態から、魚を追うために、水かきで蹴《け》りながら水中に潜っていった。そのとき、空気の幕が銀色に光っているのが見えた。カイツブリは羽毛の隙間から空気を出さないで、羽毛に空気を蓄えたまま泳ぐので、空気の幕ができるのだが、瞬間、空気の幕が銀色に輝き、キレイだなと目を奪われたのである。

このとき立体展示というイメージが浮かんだ。

二次元で暮らすゾウやキリン

たしかに水族館は三次元の立体展示をしている。ところが動物園はどこも二次元の平面展示しかしていなかった。

考えてみれば、たしかにゾウやキリンは二次元でしか暮らしていないけれども、ニホンザルやオランウータン、あるいはヒョウなどは、木の上で生活したり、三次元で暮らしている。そういえばペンギン、ホッキョクグマもアザラシも陸で暮らしながら水中でも活動している。これも三次元だ。そうした特徴を見せるには、立体展示がいい。斜面の動物園は建物が造りにくいかもしれないが、坂の斜面に建つ動物園という、他の動物園にはない条件をうまく生かせば、やり方次第では、日本にたった一つだけの動物園をつくることも可能だと考えたのだ。

なかでもニホンザルを展示するさる山は、立体展示の特徴を紹介する施設としては最適である。

私たちは、建築家に次のような要望を出した。

「これまでのさる山は、堀で囲われた放飼場を上から見下ろすという設計でつくられることが多かったけれども、それとは異なったものにしてほしい」

しかし、返ってくる答えは、「建物っちゅうのはね、平らな所にしか建たないんだよ」

というものだった。

建築家とディスカッション

なるほどたしかにそうなのだろうが、そんなことを聞き入れては新しい施設はできない。入札の結果、さる山の設計を受注したＩＡ研究所の一級建築士が、希望に沿った設計をしてくれることになった。

建築家と何度もディスカッションを重ねながらできたのが、いまの形である。以前あったさる山の場所よりも、さらに急勾配《こうばい》の斜面に移動し、その斜面を利用して、さる山を上からも下からも見えるように設計したのだった。さる山のいちばん上から見ると、まず高さ十二メートルのさる山のてっぺんに視線が行く。そこからさる山の全景を見ることが出来る。そしてスロープを下りていくと、地上でエサを食べているサルの目線で見ることができる。このように人間の目の位置を変えることが、面白さにつながる。さまざまな角度からサルを見たほうが、サルの生態を観察しやすいのだ。

ボスのサルから順番にくる

この構造は、サルにとっても快適なのだ。まだ駆け出しで、私が旧サル山の掃除をしていたとき、その暑さに驚いたことがある。サル山はちょうど蛸壺《たこつぼ》ならぬ「サル壺」のような形になっており、風通しが悪く、臭いも籠《こ》もっていて息苦しいのだ。とくに暑い季節には、よくサルたちが上に集まっていたのだが、その理由がよくわかった。

その点、いまのさる山は、壁の一部を広く金網にしたので、通気性もよく、サルには快適なはずだ。

なお、さる山の下の階では、窓ガラスに蜂蜜《はちみつ》を塗り、それをなめるニホンザルを観察できるところも面白い。とくに犬歯の鋭さや、ガラスについた指の指紋がはっきりとわかるような展示になっているところが斬新《ざんしん》だ。優位なサルから順番になめにくるのがわかり、ニホンザルの社会構造も垣間《かいま》見られる。

さる山ができる前の年にもうじゅう館が、やはり立体展示で成功した。これについては、この後に述べる寝ている姿をイキイキ見せるのにも役立った。この立体展示が好評だったことから、ぺんぎん館、オランウータン空中運動場、おらんうーたん館、ほっきょくぐま館、あざらし館、くもざる・かぴばら館にも応用されることになり、いずれも人気施設となっている。

のびのびと寝る動物

前にも少し触れたが、動物園に来て抱く不満で多いのは、「寝てばかりいるから、つまらない」というものだ。その対策として行ったのが、夜の動物園だった。これはライオンやトラなどネコ科の動物が動いている時間帯に見せるという発想である。しかしそれは年間を通じてできるものではない。

もちろん、昼間寝ている動物を起こすことはできないけれども、極端な話、寝ていても面白いと思える展示、寝ている姿を見て、その動物が持っている特徴的な行動を見ることができる方法はないかどうかを考えたのだ。

いちばんわかりやすいのが、もうじゅう館だろう。ヒョウの展示の仕方はまさに寝ている姿を見ても楽しいものとなっている。

動物園の禁じ手

ヒョウなど肉食動物の特徴的な行動は二つである。「狩る」と「寝る」である。とはいっても、毎日「狩り」をするわけではない。つまり一日のほとんどを寝て過ごしているのだ。

しかしその狩る行動を見せることは、動物園としては禁じ手である。テレビで、ヒョウが獲物を狩るシーンを見ることができても、動物園で実際に狩るシーンを見ることは、耐えられないだろうと思う。獲物になる動物の悲鳴が聞こえ、食べる音と光景が耳と目に飛び込んでくる。その場にいられないに違いない。

となると寝る行為をどうすれば魅力的に見せられるかだ。前述したが、野生の環境の中では、エサを獲《と》って命をつないでいた。人間のように二十四時間開いているコンビニエンスストアでおにぎりを買うことはできないし、ほとんどの食料が揃っているスーパーはないのだ。だからできるだけ腹が減らないように寝ている。それは遺伝子にあらかじめ組み込まれた行動と言える。

ただ、同じ肉食動物でも寝方が違う。トラやライオンといった強い動物は地面で堂々と寝る。しかしヒョウなどの小型動物は、トラやライオンに襲われないように、木の上で寝るのだ。

そこで考えたのが、いまの展示方法だ。入園者の頭上の金網に堂々と寝ているヒョウが見られ、思わずヒョウの敷物が置いてあるのかと勘違いするという展示だ。つまり、ヒョウは寝ることも展示している、といえる。

当初、担当者は、すぐ下を見れば入園者がぞろぞろ通る場所に、ヒョウが来て、寝てくれるか心配していた。しかし、初めて運動場に出した数時間後にヒョウはその場所に駆け上がり、数日後にはすっかり慣れて、そこで昼寝をするようになった。われわれの予測通りであったのだ。ヒョウは風通しのよい場所を好む傾向にあるが、そこほど風通しの良い場所はない。

では、ヒョウよりも強いライオンはどうかというと、ライオンには、のびのびと寝てもらおうと考えた。

以前のライオンの檻《おり》は、三歩歩くとぶつかるぐらい狭い空間だった。だから、寝ていても面白くないし、「かわいそうだな」という印象を与えていたかもしれなかった。

そこで考えた。

もし、のびのびできる空間で、ゴロンと気持ちよさそうに寝ていれば、見る人も不愉快に思わないかもしれない。

運動場の奥行きを十分とることで、いつでも逃げられるという精神的余裕が生まれ、安心して寝られる。さらに大きな岩を用意して、そのうえに乗れば入園者を見下ろして寝られるような場所を設けた。

予算は少なくても工夫次第

「旭川市は動物園にたくさんお金を出してくれるからいいですね」と言われることがある。「あれだけお金があれば、それはいい施設ができますね」とも。

たしかに市からは多くの予算を出していただいた。

一九九七年以降の主な施設に、どれだけの予算がかかったかを列挙しよう。

- 「こども牧場」（九七年四月オープン　工事費＝約九千九百万円）
- 「もうじゅう館」（九八年九月オープン　工事費＝約五億九千三百万円）
- 「さる山」（九九年七月オープン　工事費＝約二億三千三百万円）
- 「ぺんぎん館」（二〇〇〇年九月オープン　工事費＝約四億六千万円）

・「オランウータン空中運動場」（二〇〇一年八月オープン　工事費＝約四千三百万円）
・「ほっきょくぐま館」（二〇〇二年九月オープン　工事費＝約七億千四百万円）
・「あざらし館」（二〇〇四年六月オープン　工事費＝約六億八百万円）
・「おらんうーたん館」（二〇〇五年一月オープン　工事費＝七千万円（寄付））
・「くもざる・かぴばら館（二〇〇五年八月オープン　工事費＝五千八百万円）

寄付を除くと、合計約二十八億円になる。

もちろん、これらの予算がなければ、いまのような動物園にはならなかった。市にはたいへん感謝している。ただ、予算さえあればすぐに人気のある動物園ができるかというと、そうではないと思う。

もし、「動物園とは何か」という基本認識や、直接入園者に語りかけるワンポイントガイドなどの体験を経ていなければ、たとえ予算を市からいただいても、さほどいいものはできていなかったに違いない。繰り返しになるが、大切なのは、不遇のときの準備なのである。

もう一つ大事なのは、予算の範囲内で、いかに工夫をするかということだ。予算額でいえば、当然だが上野動物園や天王寺《てんのうじ》動物園に及ばない。しかしその中でも、できるだけ工夫して金のかからない努力をしているのである。
オランウータン空中運動場を例に話を進めよう。

雑誌に載っていた一枚の写真

これを造るとき、市長から「金のかからないものだったらいいよ」とはっきり言われた。空中運動場を造るにあたって、頭の中にあったのは、外国の雑誌に載っていた一枚の写真だった。その雑誌がどこかにいってしまったので、雑誌の名前はわからないのだが、写真は、空中にただロープだけが張ってあり、オランウータンが両手両足でぶら下がっているという絵柄。この施設ならば、オランウータンが渡っていくところを下から見られるぞというのに心動かされ、その後ずっと頭にこびりついていた。

そこで、副園長の坂東と話し合った。最初は、やはりカリマンタン島のイメージに近い形にしたかった。二本の高い擬木を立て、その間を上下二段のロープで繋げば、記憶の中にある写真のようにオランウータンが擬木の間を移動してくれるのではないかと考えた。しかし、このアイデアは構造設計の専門家からすぐに否定された。大人のオランウータン二頭が同時に渡った場合、最大三〇〇キロの重さに耐えられなければならないので、数億円の予算は覚悟しておくように言われたのだ。これでは予算オーバーである。

次善の策として浮上したのは、二本の塔の間にH鋼を入れることで塔が倒れるのを防ぐという案だった。H鋼とは文字通り、アルファベットのHの形をした鋼鉄の柱だ。これだと予算内で可能だが、イメージが悪いので何とかならないか相談したが、予算が限られている以上、この方法しかないというのだからしようがない。

そこで、オランウータンの気持ちになって考えた。見せかけの自然をつくることでオランウータンは喜ぶのだろうかと。要するにオランウータンがロープを伝って上がろうが、本物のツタを握って上がろうが、どちらでもいいように思えてきたのだ。それよりも高いところで過ごせる暮らしができるほうがいいに決まっている。オランウータンがやりたいことをやらせる。それは高い所に行って遊ぶことである。その目的を果たすことができれば、施設は、いちばん安上がりな鋼鉄剝《む》き出しのものを使ってもいいのではないか。そのかわり、オランウータンの寝室側は、多少住みやすくなるように努めた。

空中運動場が完成

とにかく、いろいろな妥協をし、しかしオランウータンがどんな状態ならば喜んでくれるかを考えながら、空中運動場は完成した。

私たちの施設が比較的安く仕上げているのは、コンサルタント会社に相談せずに、自前でやっている側面もある。多くの動物園は、コンサルタント会社に依頼をして、造ってもらうことが多いのだ。しかし、彼らは野生動物の専門家ではないので、行動展示をしようとしても、思い通りにいかないこともある。

旭山動物園では、どんなものを造りたいかを直接設計事務所に伝えて造っていく。そのほうが、こちらがイメージしているものに近付くからである。先方も、初めてのことなので困惑していることも多いが、とにかくねばり強く実現へ向けて可能な手法を探してもらった。

新しいことには必ず反対意見がある

オランウータンの空中散歩は、まさに老若男女が楽しめる施設の一つとなった。子どもだけでなく大人も空中を移動するのを待ち、ロープを渡り始めると、歓声を上げて楽しんでいる。

しかし、計画を公表した直後から、あのオランウータンが入園者の上に落ちてこないかと、マスコミから攻撃された。ある記者から、「園長、絶対落ちないってどうして言えるんですか」と突っ込まれた。

私が落ちてこないと考えたのは、オランウータンの腕力が桁外《けたはず》れに強いからだ。人間の大人の握力は、女性で二十～三十キロ、男性でも四十キロ台後半が平均値だが、オランウータンのオスは四百キロ以上もある。しかも野生の環境では、樹上生活をしているわけで、高い場所に恐怖心はない。なおかつ、野生では下に落ちると非常に危険な環境なので、落ちることは命を落とす危険を伴う。だから、どんな状況でも手を木やロープから離さないという習性がある。以上のような理由から、下に落ちてくることはまずないと考えたのだ。

前例がない強度計算

しかし記者は納得がいかないらしく、旧帝大の有名研究所の先生に電話で聞いたようだ。すると、先生は、「誰がそんなこと言ってるんだ」と言ったという。記者が「いや旭山動物園の小菅さんなんですけど」と答えると、「うーん、小菅さんが言ってるなら落ちないんじゃあないの」と言ったというのだ。これは記者から一方的に聞いた話なので、言葉のニュアンスが微妙に違うかもしれず、誰が言ったかはっきりかけないのだが、ともかくそういう反応があったようだ。

もう四年やっているが、もちろん落ちてきたことは一度もない。それよりも、石川県のいしかわ動物園や東京都の多摩動物公園でも、同じような施設を造ったという。おそらく同じ考えを持ったからではないか。

ただ、現場の看板にも書いてあるが、おしっこやうんこが落ちてくることはあるので、来園された場合は注意してほしい。実際におしっこが円錐形《えんすいけい》にフワーっと落ちてきたのを見たことがある。たまたま太陽の光が当たって、キラキラ輝きながら落ちてきたので、私の隣にいた子ども連れのお母さんは「ああキレイ」って言っていた。小さな子どもも、ちょうどうんこをするシーンに下にいて、「ああ、うんこする、うんこする」と言って喜んでいた。次の瞬間、うんこが落ちてきたが、いいタイミングで逃げたので、当たらなかった。掃除をしてくれているお年寄りのボランティアの方が、「僕、当たらないで良かったね」と言って周囲を和ませていた。

ほっきょくぐま館にあるお椀《わん》の形をした「のぞき窓」にも、もの言いがついたことがある。透明なのぞき窓は、ホッキョクグマがふだん歩く地面に穴を開けて取り付けてあるので、ホッキョクグマが近付いてくると、間近に見ることができる。しょっちゅう近付いてくれるわけではないが、タイミングがあうと本当に迫力がある。

しかし、設計の担当者は、この透明なのぞき窓が、ホッキョクグマによって破壊されないかというのである。安全のために、鉄かなにかで枠を造ってほしいと言われた。しかし、それだけはやりたくなかった。

強度計算も前例がないのでできない。そこで考えたのが、ホッキョクグマと同程度の破壊力を持つヒグマに実験してもらったのだ。ヒグマの運動場にのぞき窓を置き、その中に、リンゴやバナナなどヒグマの大好物を入れた。取ろうと思ってヒグマが叩《たた》くことで、強度をテストしたのだ。かなり思いっきり叩いているのだが、びくともしなかった。それでもまだ心配だったので、かけや（大槌）を使って、若い飼育係に何度も力一杯叩かせた。これもびくともしなかった。

檻の網とネコの爪

もうじゅう館の網も、新しい試みがなされている。とくにトラの檻の網には、かなり細いステンレス性の金網が使われている。ほとんどの動物園では、かなり太い網を使っているはずだ。しかし、あまり太い網では、いかにも檻の中に入っているというイメージになる。

では、細くした場合、危険なのだろうか。考えたのは、ネコ科の動物の習性である。ネコ科の動物というのは、爪を大事にする。犬と違って引っ込めているのだ。だから、直径六ミリという比較的細い網でも大丈夫なのだ。もちろんヒグマは強力だから、かなり太い網が張ってあるので安心してほしい。

トラの檻は縦六ミリ間隔、横は十五ミリ間隔

実は、もう一つ工夫を加えている。網の張り方だ。縦に密に入れ、横には粗に入れているのだ。人間の目というのは、横にたくさん仕切りがあると、煩雑に感じるのだそうだ。しかし、縦に多少仕切りがあってもさほど煩わしくは感じないのだという。

だから、トラの檻の網は、縦は六ミリ間隔、横は十五ミリ間隔になっている。この形状は、以前にサル舎でも実験的に使用してみた。同じく、四ミリと十ミリの取り合わせでやると、強度を保てたうえで、なおかつ見やすかった。

そういう工夫があるために、近くで見ることができるし、金網が煩わしく感じないのだ。トラはよくおしっこをかけるので、近付く際には注意してほしい。

第四章

改革に必要な組織とは何か

1　改革に必要な組織にはスターは不要だ

飛び抜けたスターはいらない

動物園に珍獣はいらないのと同じように、組織にも「飛び抜けた人材」はいらない、というのが私の持論だ。

この考えに至ったのは、私が学生時代に青春のすべてをかけて取り組んだ、柔道に教えられたからだ。私は、人生を生きていくうえで必要なあらゆることを柔道から教えられた。

動物園の園長の本に柔道のことを書くのは、読者にとって違和感があるかもしれない。しかし振り返ると、私が主将になった頃の北海道大学柔道部の状況と、入園者数の減少に喘いでいた頃の旭山動物園が置かれた状況が、とても似ているのだ。それもあって、柔道から学んだことが、いまの動物園運営に生かされているのである。

大学三年の夏、私は主将に任命された。部の中で私は強いほうではなかったのだが、なぜか先輩から指名されたのだ。当時の北大柔道部は、北海道の中では強くても、全国レベルで見ればけっして強くはなく、汚い言葉だが、「ゴミの北大」と言われた。

私たちの時代、練習をする際、いつも念頭に置いていたのは、旧帝国大学七校が覇を競う通称「七帝戦」（国立七大学柔道優勝大会）という団体戦であった。当時、北大柔道部には特別強い選手がいるわけではなく、七帝戦では私が一年のときに一回勝っただけで、その後五連敗を喫し、最下位が定着しつつあった。そんな最悪のときに私は主将を任された。

あらためてメンバーを見渡したところ、飛び抜けて強いスター選手は一人もいなかった。しかし個性のある部員は多かった。稽古《けいこ》には来るが学部の研究のことで頭が一杯の男、ぜんぜん稽古に来ない男、言いたいことを言う部員……。しかし皆憎めない部員ばかりだった。

私は、最初からスター選手を必要としなかった。けっしてやせ我慢ではない。むしろスター選手がいることで、他の選手がそのスター選手に頼ってしまうため、チームとしては強くなれないのである。

それより、素質があってもなくても、能力に差はあっても、たゆまぬ努力を重ねながら強くなっていく選手たちが、一つの目的に向かって一丸となっているチームのほうが強い。

個性派揃いの同期をどうまとめるか

団体戦柔道には、こんな教訓がある。

「一人の怪物は、一人の穴によって相殺《そうさい》される」

つまり、団体戦の場合、いくら一人のスター選手がいても、実力のない、たった一人の選手によって、スター選手の力が帳消しになってしまうという意味である。とはいえ、学年も実力も性格もばらばらなチームをどうやってまとめていくかには腐心した。

まず、個性派揃いの同期をどうまとめるかだ。北大柔道部は伝統的に学生主体であり、確固とした自分の意見を持っている部員が多かった。放っておくと、自己主張だけは人一倍強いから、それにいちいち取り合っていてはチームがまとまりをなくしてしまう。かといって、下手に「オレについてこい」と、独裁的にやろうとすると、個性を殺してしまうし、へそを曲げてしまうのは目に見えていた。

個性ある人間の育て方

そこで私は、目標を決めた。はっきりさせたのは、「七帝戦で優勝する」という目標。

そして、そのための手段も明確にした。一人一人が負けなければいいのだ。そのために寝技を徹底的に稽古するということだった。当時優勝した学校の傾向を検証してみると、寝技の強いチームばかりだったのだ。だから、寝技の強化を最優先課題とした。

個性派には細かなことは言っても始まらないので、目標と対策だけ言って、あとは自分がいいと思ったことをやってくれと言った。何をどうやるかは、自分の責任においてやってくれと言ったのだ。丸投げしているように映るかもしれないが、違う。結局は、彼らのやり方を信頼し、尊重したのだ。そういう個性がある人間ほど、人に言われてやるよりも、自分の意志でやったほうがやりがいを感じる、と思ったからだ。

闘争心に火が付く

彼らにもう一つ注文を出したのは、「必ず同期と稽古する」ということ。後輩は先輩と稽古すればたしかに強くなる。しかし先輩は上達しないからだ。当然、同期とやるようになった。その目論見《もくろみ》は見事にあたった。同期二人が乱取りを始めたのだが、片方が一瞬本気を出して、腕を思いっきりとった。腕は折れなかったがボキッと音が鳴った。それがきっかけになって闘争心に火が付いたのだろう。「貴様！」と言って、信じられないぐらい激しい稽古が数本続いた。一度、闘争心に火が付くと、その後手抜きしなくなった。

もう一つ、試合に出られるか出られないかのボーダーラインにいる選手が二人いた。一人は、私の同期である。私は、彼らを何とかレギュラーにすることを目標の一つにした。

結果は、同期がレギュラーになれなかったのだが、二つの成果があった。

一つは、レギュラーになれた選手によって、徹底して稽古をすれば試合に出られるチャンスがあるということを、とくに後輩の目に見せることができた点。彼を見ることで、頑張れば自分も選手になれるという可能性を感じ取れたはずだ。もう一つは、レギュラーにはなれなかったけれども、必死で稽古に取り組んだ男がいたことを部員全員の目に焼き付けられたことだ。

実は、このレギュラーになれなかった男――仮にTとしておこう――彼がいちばんのキーマンだったと思っている。彼は細いからだで、必ずしも柔道に向いている体格とは言えなかった。それでも稽古中、私に顎《あご》を外されながらも歯を食いしばって、道場に来ていた。必死に稽古をしていた。

個性と組織

私は、とくに団体戦を戦うチームにとって、そういう部員の存在が大切だと考えている。レギュラーになれなかった控えの部員たちが、イキイキとしているか否かがそのチームを判断する重要なバロメーターであると考えているのだ。彼らが、レギュラー選手を支えるために、自分にしかできない努力をどれだけやったか。それがいちばん大事だと思う。もしそれができていれば、選手には稽古台になってくれた部員の思いが肩にかかっているはずだ。その思いが強いほど、土壇場で信じられない力が出る。あいつらのために頑張らなければという思いが力になるのだ。チームが勝ったら、実は控えの部員が偉い。そう私は思っている。控えの選手がクサってやめてしまうようなチームは絶対に強くなれないのだ。

個性派は無理やり引っ張らずに、目標を示して任せる、こつこつやるタイプには、希望になる選手を見せて、「次はオレも……」と燃えさせる。そしてたとえレギュラーになれなくても、レギュラーになる選手のために自分ができることを精一杯やる。不要な選手は一人としていない。必ず個性が生かされる場所があるはずなのだ。そうした雰囲気が部内に定着し始めたとき、チームは「優勝」という目標に向かって動き始めたのである。

一年間、懸命に稽古した結果、七帝戦では決勝戦に進出。惜しくも京都大学に大将決戦で敗れたが、準優勝という結果を残せた。目標を決めて、それに部員が一点集中していく。たとえ部員の能力はドングリの背比べでも、強豪を倒していけるんだ。それは私はもちろん、部員たちも肌身にしみてわかったはずだ。

それぞれの個性が生かせて、それぞれの役割を果たすこと。そういう環境にいれば人はイキイキできるのだ。そういう確信が、旭山動物園の展示方法につながっているのだと思う。

この経験は、動物園に入ってから、とくに組織のありようを考えるうえでも役立っている。

組織という面でいえば、とびきりのスター飼育係はいらない。全員の飼育係が、それぞれの持ち味を発揮できるような組織が理想的だ。下手に管理をするよりは、先に書いた動物園の目標や存在意義をわかってさえいれば、あとは思う存分、自分のやりたいことをやればいい。かく言う私自身がそうしてきたからだ。飼育係が自由にやりたいことをやれる環境を整えるのが園長の役割だと思っている。そうすることで、動物園の動物たちのように、イキイキと輝くことができると思うからだ。

たとえば、手書きポップの内容に関しても、私はチェックしない。私がそういうことをし始めると、どうしてもポップに書く内容を自己規制してしまうおそれがあるからだ。「どうせ、園長からこう言われそうだから、ほんとうはこうしたいけど、こうしておこう」というようにだ。それよりも、少々失敗作があってもいいから、思いっきり自分がやりたいようにやってほしい。そのほうが成功しても失敗しても勉強になるからだ。

私は柔道をやっているときもそうだったが、勝負には徹底的に執着するが、結果にはあまりこだわらない。つまり、作戦どおりやって負けたら、それは相手が一枚上だったということ。動物の飼育でも、全力で取り組んで、うまくいかなければ、まだ実力が伴っていないということだ。次の機会に頑張ればいい。

また、飼育係の一人一人に能力の差があるのは当然である。

職員は少しずつ能力を上げる人を見ている

放っておいてもガンガン新しいことをやっていくタイプもいれば、なかなか新しいことを考えつかないタイプもいて、近道を探すのは上手ではないけれども、少しずつ前進していくタイプもいる。組織というのは、後者二つのタイプのような人が伸びていく環境でなくてはならないと思っている。間違っても、そういう人がクサって仕事のやる気をなくすような事態は絶対に避けなければならない。

意識が変わる方法

なぜなら、職員は少しずつ能力を上げていく人を見ている。その人によって励まされる人もいれば、「若い奴も捨てたものじゃないな」、「若い奴に負けてはおれない」と刺激を受けるベテラン職員もいるだろう。

またしても北大柔道部の話で恐縮だが、数年前、大学に入って初めて柔道を始めた部員がいた。身長百六十七センチ、体重七十五キロと肉体的に恵まれず、柔道センスもけっしていいとはいえない。そんな彼が三年生で選手になり、七帝戦で北大を優勝に導くために重要な働きをした。私は観戦をしていて感動を覚えた。三年の間にどれだけの汗を畳に染み込ませたかがわかったからだ。

「限界を超えて、自分自身と戦える人材の育成」

これが北大柔道部の目指すものだったが、まさに彼はそれを体現したのだ。

こうした存在がいると、とてもいいチームができる。部員全員が彼の存在を見て、意識が変わるからだ。

これは企業などでも同じだと思う。

アイデアを実行に移さない人を叱る

もう一つ私が大事にしているのは、失敗を怖れずチャレンジする気持ちである。私は、アイデアを考えたのに、実行に移さない人には怒ることがある。

失敗なしで成功する人間なんていない。生物の進化は、数え切れないぐらいの遺伝子の失敗があり、たまたまうまくいった一つの突然変異が、遺伝して増えていくのである。だからやってみなければわからない。失敗をしながら進んでいくしかないのだ。

先に紹介した、「失敗したことしか覚えていない」というベテラン飼育係でさえ、定年を間近に控えているのに、「園長、新しい展示をやりますから」と提案してくれた。そういう人でも、失敗を繰り返し新しいことにチャレンジしながら、真のプロフェッショナルになっていった。彼は、自分の背中で若い人に教えてくれたと思う。仕事というのは、こうやって最後までやるんだよってことを。

管理社会になりつつある動物園

いま、日本の動物園の中には、動物園を管理しようといった傾向があるようだ。原因は、あまり動物園のことを知らなかったり、野生生物を飼育した経験のない職員が人事異動で回されてくることと関係しているかもしれない。これは、一九八〇年代半ばぐらいからの傾向である。

それよりも前は、動物園に対する独自の考え方、いわゆる「動物園観」を持っている園長がたくさんいた。そういう人を称して「動物園人」と呼ぶ。私たちは、そういう人たちから動物園の「いろは」を学んだ。休みの日には、自分で全国の動物園を見て回り、必ず園長以下飼育係の方に挨拶《あいさつ》して、時間があれば、動物園に対する考え方を聞いた。ときには意見を戦わせることもあった。話していると、言葉の端々から、動物が大好きで、動物園を心から愛していることが伝わってくる。いい意味で「動物バカ」の園長がその頃、全国にたくさんいた。私はそういう人たちが大好きだった。

なかでも印象深いのは、福岡県北九州市にある「到津《いとうづ》遊園」（現・到津の森公園）の森友《もりとも》忠生《ただお》園長（当時）である。

当時、その動物園では、学校の先生を集めて、「森の教室」というのをやっていた。

生え抜きと管理社会

動物園というのは動物を通して、何かを伝えることも大切だけれど、それだけではない。周辺の自然から学ぶこともできる。たとえば落ち葉を使ったり、森で音楽会をやったり、クイズ大会をやったり……。動物園が持つ無限の可能性を森友園長から教わった。

私たちは、他の動物園の方が来られると、必ず一緒に食事をして、動物園のことをこれでもかあれでもかと聞き出し、参考にさせてもらっている。その代わり、こちらが他の動物園に行く場合には、必ず挨拶して、私たちの動物園のことをお話ししているのだが、最近はそういう交流をする風習はなくなりつつあるのがさびしい。

それはともかく、森友さんのように、独自の動物園観を持っている園長たちは皆、その動物園の生え抜きであった。

もちろん、動物園生え抜きではない方でも、独自の動物園観を持っている方もおられると思う。しかし、往々にして管理する傾向にあるため、それは職員や、ひいては動物たちにも伝わるのではないか。もし伝わるとしたら、動物園からイキイキとした活力がなくなってしまう。また、管理が進む社会に生きる人間が、同じように管理された動物園に来ても、魅力的に感じないであろう。

失敗を隠さない

旭山動物園に多くの方が来園され、マスコミにもたびたび取り上げられるようになると、これまでは北海道限定の話題でしかなかったことが、全国的に報じられるようになった。報道される内容には、よいこともあれば、ミスや事故のような悲しい出来事もある。しかし、何でも包み隠さずオープンにしていく姿勢は今後も変わらない。なぜなら、それが旭山動物園の基本方針だし、動物園とは何かという問題にも関わってくるからだ。

その姿勢がよく表れたのは、一九九四年七月十九日の出来事だ。人気者だったローランドゴリラのゴンタが死んだ。引き続いてその一ヶ月後にメスのワオキツネザルが死んだときである。ゴンタの病理解剖をしたところ、エキノコックス症という感染症にかかっていたことが判明。続いて、ワオキツネザルからもエキノコックス症の所見が確認された。

エキノコックス症とは、キツネの排泄物《はいせつぶつ》に含まれる寄生虫の卵が、人を含むほかの動物の体内に入り増殖すると、肝機能障害で死亡するという感染症だ。

当時園長だった菅野浩さんと私、坂東の三人（いずれも獣医師）で話し合い、この事実を隠さず、マスコミに発表することにした。関係者の中には、発表する必要などないという意見の人もいた。たしかに、エキノコックス症は赤痢やコレラと違って法定伝染病ではない。手洗いなどの対策をしっかりすれば、感染は防げる。私自身、エキノコックス展を担当したほど、この感染症について勉強していたし、危険度も知っていた。しかし、もし隠したままにして、何の対策もとらなければ、入園者が感染する。

だから事実関係と対策について、多くの人々にマスコミを通じて伝えようとしたのだ。対処方法が人々にしっかりと伝われば、安心して動物園にも来てくれる。われわれはそう考えて、事実を公開したのだ。

しかし、マスコミに真意が理解されることはなかった。私は、人間に感染する可能性はかなり低いこと、手洗いをすれば予防できることを科学的に説明した。なのに記者からは、「発表がなぜ三日も遅れたのか」「まだ何かを隠しているんじゃないのか」と疑いの目で質問された。動物園に行ったら危険だというニュアンスで報道する社もあった。

また、「水が原因か」などと、見当違いの報道をする社もあった。旭山動物園では、開園当初から水道水を使っていたので、水が原因などということはない。そんなことは電話で私たちに確認するだけでわかったはずなのに、それもせず書いてしまった。こんな報道のされ方をすると、動物園で水を飲んだ子どもの親がパニックになることは目に見えていた。

私はその報道に我慢がならず、「抗議しに行く」と動物園を飛び出したが、市役所記者クラブの前で、市の担当者に止められた。

一度失った信頼を取り戻すために

案の定、翌日から動物園には、不安を訴える電話が殺到した。動物園に子どもを連れて来たお母さんからは涙ながらに、「うちの子どもは大丈夫でしょうか」と質問された。あのような報道に接すれば、親ならば誰だって不安な気持ちになる。抗議の電話もかなりかかってきて、数日間大混乱となってしまった。

一度失った信頼を、はたして取り戻せるのだろうか……。

かなりの心労が重なっていたのだろう、妻から、「髪の毛がすごく抜けて、お風呂の排水口がふさがっている」と言われた。

しかし、嬉《うれ》しい反応もあった。「頑張ってください」と、差し入れを持ってきてくれる人がいたり、「再開したら、また行きますから」と便りをくださる方もいた。その反応を見て、ワンポイントガイドなどで、動物の命を感じてくれたファンがいる、彼らは絶対に裏切らない、彼らが応援してくれれば市も動物園をつぶせないはずだと、少し希望がもてた。

とはいえ、一度ついた悪いイメージを払拭《ふっしょく》するのは容易ではなかった。翌年、再び動物園の門を開けることができて、いま副園長をしている坂東や若手の飼育係が着ぐるみを身にまとい、JR旭川駅前の繁華街・買物公園に繰り出して開園したことをアピールしたが、「動物園なんて怖くていけないよ」「病気になったらどうするのよ」と言われたりしていた。

信頼の基本姿勢

さすがにその年の入園者数は二十八万三千人と大幅に減り、「もうこれ以上減らないよ」と部下に言っていたが、翌九六年にはさらに減り、開園以来最低の二十六万人となった。

しかし、市長が替わり、考えていたアイデアが実現し、たくさんの人が詰めかけてくれるようになった。少し回り道はしたけれど、やはりわれわれのやったことは、基本部分で間違っていなかったのだなと思った。

お客さんの信頼を裏切ってはいけないという基本姿勢が、いまの展示の根本部分にあるからだ。

この事件があってからも、問題は包み隠さないようにしてきた。それが結局は動物園の信頼につながるからだ。ほかの大型動物園で園長をしている友人に、このときのわれわれの判断は正しかったと評価を受け、その友人の動物園で問題が起きたときも、隠さずにマスコミに知らせたという話を聞いて嬉しくなった。

2　動物園の経営学

動物園のシステム

一般の方から、「これだけ人が入ると、儲《もう》かってしかたがないでしょう」と言われることがある。

たしかにいまは有料入園者が多く、全体の七五％にも達しているがそれでも黒字というわけではない。そして、サラリーマンの方が住宅ローンを抱えているのと同じように、私たちもローン返済に頭を悩ませている。

まず、動物園も図書館と同じように無料にすればいいのにとときどき言われる入園料。これはどのようにして決めているかというと、市が政策として決定しているのだ。市が、主な動物園の入園料などを参考に、大人五百八十円、中学生以下無料というように決定する。この制度では、入園料だけで動物園を維持していくことはできない。だから、年間三億円程度の繰入金を市から予算付けして貰っている。これは、動物園は市民のための福祉施設だし、教育の場だから入園料を押さえるということと、無料制度の補完ということから醸出《きょしゅつ》されている。

ただ、ここ数年は多くの入園者に恵まれたため、繰入金は数千万円となっているので、実質黒字ということになる。施設の工事費用はすでに書いたが、あの予算は、市として借金をして建設するのだが、借金の返済は、動物園特別会計が行うことになる。多くの自治体立の動物園は一般会計のため、借金も動物園が返済するということにはなっていない。旭山動物園は、動物園の歳入（事業収入と繰入金）から人件費、事業費、そして借金の返済をしなければならない。ほんとうは、入園者が多いいま、繰り上げ返済をしたいのだが、それもままならない。

ジレンマと入園者

だから、できれば大勢の方に入園してほしい。天候不順が続いて、客足が伸び悩むと、ローンのことが頭をよぎる。場合によっては、どうしたらいいかとスタッフみんなで知恵をしぼりあうこともある。しかし、ただ入園者が多ければいいかというと、見ていただく方に窮屈な思いをさせてはいけないので、そこがジレンマなのだ。

動物園は楽しむところだから、あまりこういう生臭い話はしたくないのだが、入園者が減ってお金の話がでると、いつも廃園の話がでてくるので、あえて内情を知ってもらいたくて書いた。

第五章

動物園と日本人

1　人はなぜ動物園に行くのか

ゾウ列車と子どもたち

戦前生まれの方ならば、覚えているだろうか。

ゾウ列車のことである。

第二次世界大戦の末期、動物園で飼われている動物が相次いで殺された。爆弾が落ちて逃げ出した場合、人間を襲うかもしれないため、軍は殺すように命令を下したのだ。

戦前、全国には二十頭のゾウがいた。しかし、上野動物園でも三頭のゾウを餓死させるなど、結局、終戦まで残ったのは、名古屋市の東山動物園のインドゾウ二頭だけだった。エルドとマカニーである。職員たちが、エサを与えるために畑を耕したりしながら、何とか救った二頭の命だった。

その二頭のゾウが戦後、脚光を浴びることになる。東京・台東区の小学生がゾウを見たいと、「台東区子ども議会」を結成し、東山動物園に対し、二頭のゾウのうち一頭を譲ってもらえないかとお願いに行ったのだ。いったん貸すことまでは承諾されたのだが、いざ引き離そうとすると、残されたエルドが頭を壁にぶつけて血を流して阻止しようとした。離れるのが嫌だったのだろう。

子どもたちはそれ以外にも、参議院にゾウの輸入に関する請願書を提出していた。その熱意は、旧国鉄や日本交通公社、東京日日新聞（現・毎日新聞）を動かし、ゾウを見るための列車が運行されることになったのである。東京だけでなく、千葉、埼玉、大阪、京都、滋賀、福井などから、一九四九年だけで一万数千人が来園した。

それにしても、終戦から間もない四九年のことである。まだ戦争の傷跡が生々しく、人々が食うや食わずの貧しい生活を送っていたにもかかわらず、子どもたちはゾウに会うために、大挙して動物園に集まったのである。動物園に足を運んだのは子どもだけではなく、大人もお金を払って動物を見に出かけた。

生活をして行くのがやっとのときに、人はなぜゾウを見に行こうと思ったのだろう。

そこに、動物園がなんのためにあるのかという疑問に対する答えが隠されているような気がする。

「オレは人間なんだ」

私はこう考えている。動物園は、子どもたちにとって「生きる希望」だったのではないかと。また、大人にとっては自分を確認するための場所だったのではないかと。大人の中には、戦地に赴いた人も多かったが、「自分は人間なんだ」ということを再確認するために動物園に行ったのではないかと思うのだ。派遣された戦地によっても事情は異なるだろうが、なかには、泥水を飲んだり、カエルを食べたり、草を食べたりした人もいるだろう。まさに野生動物のような生活をしていた。

そんな状態で命をつないでいた人が、戦争が終わって、動物園で野生動物を見たとき、「オレは人間なんだ」と、自分に言い聞かせることができたのではないかと思うのだ。

この「オレは人間なんだ」という思いこそが、人類が「動物園」を持とうとした、大きなきっかけだろうと考えている。それは、人類と動物園との関わりを過去にさかのぼって調べてみたとき、思ったのだ。

この世に動物園の原型のような施設が最初に造られたのは、紀元前十一世紀と言われる。

場所は中国。周の時代である。文献によれば、武王（父親の文王という説もある）が「知識の園」という名の施設をつくり、大蛇やオオワシ、トラ、シシ、ヒョウ、サルなどを飼っていたそうだ。なぜ、飼っていたのかといえば、目的は一つ、自分が動物を見るためである。

さらに調べると、野生動物を飼っていたのは、武王だけではなく、紀元前十世紀頃にはイスラエル王国のソロモン王が、四世紀にはヘレニズム文明が栄えたエジプトのアレクサンドリアにプトレマイオス朝を建てたプトレマイオス（アレキサンダー大王の侍従）も同じような施設を持ち、動物を観察していたと文献にある。

ことほどさように、人間が文明をつくった場所には、昔から動物園が存在するのである。どうしてか。ここからは私の推測である。

大昔、ヒトの祖先は、森の中でチンパンジーと同じような生活をしていた。そのあと森を捨て、草原に出て来た。しかし草原にはライオン、ヒョウ、ハイエナなどがいる。そうした猛獣から身を守るために、人は集団で暮らすようになる。こんなふうに、動物が一つの種だけが固まって暮らすのは、地球上で初めてのことだった。

そうしているうち、人の心に「ゆがみ」が生じたのだと思う。その「ゆがみ」とはいったいなんだったのか。それはおそらく、「自分とはいったい何者なのだ」という疑問だったのではないかと思う。それを解き明かすために、人は森に戻っていこうとした。

人を知らんと欲すれば、まず獣を知れ

しかし、森には相変わらず危険な猛獣たちが住んでいる。危なくて行くことはできない。そこで王は勇者を森に派遣して、野生動物を連れてきた。それが動物園の原型とも言える施設だったのだろう。

十八世紀を生きたフランスの博物学者であり啓蒙思想家であったビュフォンは、こんな言葉を遺《のこ》している。

〈人を知らんと欲すれば、まず獣を知れ。もしもこの世に動物がいなければ、私たちは自分を知る手がかりさえつかめなかっただろう〉

哺乳類《ほにゅうるい》は、一般的に周りの関係性から自分を確立していく。つまり他者がいなければ自分がわからない。同じ種の動物だけで生きていては「自分」というものがわからないのだ。「人間とは何か」に関する答えも、他の動物を見て、「ああ、自分は人間なのだ」とわかり、安心する。また、人から学習したり経験して学ばなければできないことが多い。交尾の仕

方も子育ての仕方も誰にも教わらずに行うことはできない。チンパンジーもやはり人間と同じで、本能ではなく学習を通して、あるいは群れの中でさまざまなことを獲得していく。

「命」と関係している

人とは何か、自分とは何かをわかったからだろうか。動物園に来る人を見ていると、皆笑っている。

このホッとして微笑むような表情は、人が夕日の沈むのを見たときにいいなと思ったり、山の上から大きな湖を見たときに気持ちが落ち着いたりする心の動きと、もしかしたらどこかでつながっているかもしれない。

それは「命」と関係しているような気がする。地球上に命が誕生してから、四十億年にわたって命が続いている。旭山動物園にいるどの動物も、先祖を辿《たど》っていけば、人間の先祖ともつながっていく。その流れを、動物や自然に触れることで、人間は無意識のうちに感じているのかもしれない。種は違っても、共通して持っている何かがあると。

人らしく生きるために絶対に必要なこと

人間の中には、自分は野生動物と同じ地球に一緒に暮らしているのだ、自分と野生動物はつながっているのだということを、心のどこかで感じていたい欲求があるのではないか。

動物園はよくレクリエーション施設の一つだと言われる。レクリエーションというと、一般的には娯楽といった意味に捉《とら》えられることが多いだろう。しかし、語源である英語の綴《つづ》りを見ると、違った意味が見えてくる。

〈re-creation〉——つまり人間性の再創造なのである。

だから、動物園は、人が人らしく生きていくために絶対に必要な施設なのだ、といえる。

このような動物園の意義がある一方で、ここ三十年の間に、人間が動物園に対してもっとやるべきことがあるはずだという議論が強くなってきた。すでに述べたように、動物にストレスを加えない飼育の仕方を心がけたり、動物園は人のレクリエーションのためだけに存在するのではなく、野生生物の保存にも貢献する必要があることが、唱えられるようになったのだ。いわば動物本位の動物園に変貌《へんぼう》を遂げてきたのだ。

動物園の歴史

そうなるまでの歴史を簡単に振り返っておこう。

動物園の歴史をひもとくと、日本に最初に動物園ができたのは、一八八二年、東京都恩賜上野動物園である。この動物園は、博物館の附属施設としてオープンした。なぜ、この時期に動物園をつくったのかというと、明治政府が西欧列強と肩を並べる近代国家を建設しようとしたからである。近代国家の要素の中に、動物園が入っていたのである。

本来の動物園とは、〈ZOOLOGICAL GARDEN〉。直訳すると、「動物学・園」。だから、旭山動物園の英語名も、

〈ASAHIKAWA ASAHIYAMA ZOOLOGICAL PARK WILDLIFE CONSERVATION CENTER〉

である。PARK以降に続く「野生生物保護センター」の意味はあとで説明するが、いずれにしても、福沢諭吉が訳したと言われる「動物園」とは少し違って、本来は「動物学・園」なのである。

先に、主な文明が栄えた都市には動物園があったと書いたが、いつから動物学を標榜《ひょうぼう》す

るようになったのか。

世界で初めて、〈ZOOLOGICAL GARDEN〉という意味における「動物園」が現れたのは、十八世紀と言われる。

それまでは、ときどきの支配者が、植民地から珍しい品々を収奪する中で、動物園の動物も持ち帰っていたのだ。たとえば一五二一年にスペイン人のコルテスがメキシコのアステカ王国を滅亡させた際、モンテスマの宮殿の中に動物園があったのを見つけているが、のちにそこにあった動物をスペイン人が持って帰ったという話が残っている。

支配者など特権階級だけが見て楽しむ

しかし十八世紀になると、収奪したものを、学術的に体系化しようという動きが出てくる。それが博物学であり、動物学であった。

動物園は当初、支配者など、一部の特権階級だけが見て楽しむものであったが、市民革命以降、次第に一般市民も見ることができるようになり、いまのような近代的な動物園の原型となった。近代動物園になってからは、その運営も組織も、大学や博物館など研究機関の付属施設となることが多くなった。

そうした形の動物園を、日本も採り入れようとしていた。しかし現実には、レジャー施設のような状態であった。当時は、まだレジャーという言葉さえなく、そもそも人々が楽しめる場所が少なかった。だから動物園はかなり大きな娯楽施設となった。とくに、ゾウやキリンがいる動物園のような理屈抜きに楽しいところには、多くの人が集まったのだ。戦後、戦争のために閉鎖していた動物園が復活を遂げ、さらにその後、旭川のような人口三十万都市レベルにも動物園ができるようになった。ただ、珍獣に対する依存、レジャー施設化という問題を抱えた日本の動物園が、「動物学・園」という本来の役割を果たしていたわけではなかった。

野生動物が手に入らない！

しかし一九七〇年代を過ぎた頃から、動物園のあり方を見直さなければならないことが起きる。野生動物が手に入らなくなったのである。地球規模の自然環境の変化によって、野生動物は生息地を追いやられ、絶滅したり、数を減らすという状況に置かれていた。

このところ生物の絶滅スピードは、かつてないほど高速化しており、中生代末期に恐竜をはじめ多くの生物が絶滅した「大絶滅期」の三百倍ものスピードだという。

なかでも、動物園で見られるような大型の動物たちが受けた影響は大きく、アムールヒョウのように野生の個体数よりも動物園で飼育されている個体数のほうがずっと多いという種もでてきてしまった。残念なことに、この傾向はしばらく続くと予想されている。

絶滅した種を再び呼び戻すことはできない。しかしこの絶滅に、われわれ人類が関わっている以上、最悪の事態になる前に、動物園がその保存のためにアクションを起こさなければならないのだ。

もうこれ以上、野生動物に迷惑はかけられない。それ以前は、人間のためだけの動物園だったのだが、これからは動物のために恩返しをしていく存在へと変わっていく必要がでてきたのである。

2　未来に向けた動物園の役割

動物のための動物園

動物のための動物園になる――。

その活動の一つが、これまで述べてきたような、動物を見て素晴らしいと感じてもらえる動物園づくりである。

動物が絶滅の危機に瀕《ひん》している状況は、本や教科書を読むだけでは、十分伝わらない。大切なのは、ハートで感じて理解することである。もちろん、動物を題材にしたテレビや映画から感じることもあるだろう。それも大切なことだが、野生動物を、実際に見たり、触ったりしなければ伝わらないことがある。それは「命を感じる動物園」という部分で書いた。その感動があれば、より深くその動物の「命」や「素晴らしさ」が感じ取れるはずなのである。

たとえば空中散歩を見せてくれたオランウータンの子孫が、カリマンタン島で苦しんでいる。原因は、「紙の原料となる木の伐採によって、彼らの棲むところが減っているということ」、「オランウータンの大事に食べていた果物が収穫され、世界中に売られているという点」、「焼き畑農業」、「密猟されたオランウータンが観光目的に使われたり、ペットとして売られていたりする国があること」。

ペンギンが水質汚染で苦しむ

プールに飛び込んだりしながら、その迫力を見せてくれているホッキョクグマは、地球の温暖化によって、生存が危ぶまれている。温暖化によって冬の期間が短くなり、なおかつエサであるアザラシの数が減っている。ホッキョクグマに死ねと言っているのと同じ状況である。また、最近はホッキョクグマの体内から有害化学物質のＰＣＢ（ポリ塩化ビフェニール）が検出されている。

それ以外でも、ペンギンが水質汚染で苦しんでいる。これは結局人間が汚した水が北極や南極に流れていったからである。

動物たちのそうした辛《つら》い状況が、自分たちの生活によってもたらされている実態を知れば、そのような生活をやめようと思ってくれる人も現れると思うのだ。たとえばオランウータンの問題ならば、紙を使う量を少しでも減らしたり、最低でも、伐採する代わりに植林してくれれば、最悪の事態は避けられるはずである。そう考えてくれる人が全部でなくてもいい。六割の人だけでも自制的な生活をしてくれたら、事態は変わっていくのである。

展示館の集大成

これまでぺんぎん館、ほっきょくぐま館、あざらし館という順序で新しい施設を造ってきた。実はこの順序には意味がある。つまり、旭川市からいちばん遠いところに棲む動物の建物から造ってきたのだ。実は、私が定年までに完成させたいと熱望している施設が、旭川にいちばん近い「石狩川水系淡水生態館」である。ここでは、これまで造ってきた展示館の集大成をしようと考えている。

構想はこういう内容だ。

地球は「水の惑星」と言われるように、海や川の水で囲まれている。地球の自然環境は水が大きく関与しているのだ。

たとえば、旭川市内に降った雨というのは、石狩川に流れ込み、海に注ぐ間に、森の栄養などを運びながら、小さな動物をはぐくんでいく。川の水は海に流れ込み、北海道の海に栄養を与えている。磯焼けを起こさない、豊かな海であるということは、アザラシがたくさん生きていけるような環境が保たれているということだ。アザラシをエサにしているホッキョクグマにしてみれば、それは好都合である。旭川から流れる水は、さらに海の奥深くを流れる深層海流に乗って、北極から南極に流れていく。そしてペンギンと出会う。その水が汚されていなければ、ペンギンも安心できるはずだ。

自分の足下の自然を大切にすること

想像をたくましくして、大きな視点で見ると、旭川から流れる水は、北極や南極の動物を元気にする栄養源でもある、旭川と世界とは水でつながっているのだ、ということになる。

地球環境を守りましょうと言われても、自分が何をやっていいかわからないかもしれない。しかし、こうした関わりを俯瞰《ふかん》して見せることで、「地球環境を守るということの出発点は、自分の足下の自然を大切にすることなんだ」というメッセージを発信できると考えている。

「野生動物と人間は地球という同じ場所にすんでいる。地球はみんなのものだ」
「動物がいるから人間は心豊かに暮らせるし、動物がいるから人間も生きていける」
動物園を見終わった人に、できる範囲の行動を起こしてみようと思わせるような展示ができればと考えている。

種の保存プロジェクト

このように一般の方を対象にした働きかけを行う一方で、動物園がもっと積極的に関わらなければいけないこともたくさんある。とくに「種の保存の場」としての動物園の役割が求められるようになっている。旭山動物園の英語名に、〈WILDLIFE　CONSERVATION　CENTER〉（野生生物保護センター）という言葉を付けているのは、そういう役割を担っていかなければならないという責任の自覚と、積極的に取り組んでいくという意志表示でもある。

種の保存に関して、象徴的な話を紹介しよう。それは、種の保存を世界で最初に行った人の話である。

ヨーロッパバイソンという牛の名を耳にしたことはあるだろうか。体長は三メートル以上あって、ヨーロッパ大陸に広く生息していた牛である。かつては数千万頭いたが、狩猟や生息地の減少、第一次世界大戦などにより、減っていき、一九二一年二月、ポーランドの森で一頭のヨーロッパバイソンが射殺された。それにより野生のヨーロッパバイソンは絶滅した。

動物の戸籍づくり

それを受けて、フランクフルト動物園のカート・プリーメル園長らが中心になり、一九二三年、バイソン国際保護協会を設立。動物園で飼われていた五十六頭の血統登録が始まった。

血統登録とは、動物の戸籍づくりのようなもので、繁殖のために行われる。繁殖を考える上で最大の障害は、互いに配偶者を選べないことである。たとえ初代の繁殖が成功しても、次の代には兄妹同士、その次の世代には孫同士といった近親交配を繰り返しているうちに、繁殖しなくなってしまうケースが少なくない。

またペアで飼育をスタートしても、一方が先に死んでしまい、以後相手を補充できずに単独飼育となって繁殖ができなくなってしまったり、お互いの相性が悪く交配にまで至らないケースもある。

こうした場合に、血統登録がされていると、近親交配にならない配偶者を見つけることが可能になる。しかも多くの繁殖機会を見いだすことができるのだ。

血統登録された記録をもとに、世界の動物園がヨーロッパバイソンの繁殖に参加した。その結果、繁殖は次々と成果を上げ、一九五二年には絶滅した森へと再導入がなされたのである。この事例は、動物園が種の保存のために参画できるのだということを示した最初のものであるとともに、種の保存に関する一つのモデルケースとなった。

その後、アメリカのフェニックス動物園では、乱獲などのため絶滅しかけていた少数のアラビアオリックス（まっすぐな角が七十センチ近くにもなる、美しいウシ科の動物）を、一九六二年から動物園で繁殖を試み、一九七二年にはいったん自然界から絶滅したのだが、繁殖が功を奏し、一九八二年に生息地へ戻すことに成功した。

そうした活動に後押しされるように、一九八〇年、国際自然保護連合（ＩＵＣＮ）が「世界環境保全戦略」を発表した。その中に、「動物園は、絶滅のおそれのある種の個体群の保存を支援する施設だ」という、動物園のあるべき指針を示す内容が盛り込まれた。

日本も何もしなかったわけではない。七一年には、ニホンカモシカとタンチョウの保護を目的として国際血統登録を開始。七三年には、ゴリラやサイ類で、国内血統登録を行うことが決定した。さらに七五年にはレッサーパンダとアムールトラの国際血統登録が続いた。

「種保存委員会」の発足

こうした流れを受け、八八年に、日本動物園水族館協会は、「種保存委員会」を立ち上げた。三十三種の希少種を対象にして、十二の類別会議に分けて繁殖計画を立案し、組織的に種の保存に取り組むことになった。種保存委員会設立当時、私はホッキョクグマの種別調整者を務め、その後、オジロワシやオオワシ、シマフクロウなどの猛禽《もうきん》の類別調整者も担当してきた。

九三年には新しい動きがあった。エリート集団的傾向のあった国際動物園長連盟（IUDZG）を、実行力ある世界動物園機構（WZO）に改組したのである。世界動物園機構は、その発足に際し、次のような「世界動物園保全戦略」を発表した。

「動物園の最大の存在意義は、直接・間接を問わず環境保全に貢献できることである」

二十一世紀の動物園は、自然保護センターとしての役割に向かって急速に変革を遂げていくことになった。

日本人とトキ

日本人が、野生生物保護と聞いてピンと来るのは「トキ」ではないだろうか。

二〇〇三年についに日本産最後のトキが死んだ。いま繁殖に成功しているのは、中国から借用したりして成功させたものだ。現場でやっている方のご苦労はわかる。ただ、いまの環境省は、厳しい言い方になるかもしれないが、いなくなれば、外国から借りるなり譲ってもらうなりしてやればいいんだという、安易な考え方に傾いているように思えてならない。

絶滅するもっと前に危機を予見

大切なのは、絶滅するもっと前に危機を予見して、早めに絶滅させない対策をとることなのだ。いまになって「もしも」と言ったところで始まらないが、もしトキが、まだ日本中に二百羽以上生息し、自然繁殖が見られている段階で、そのうちの一割（二十羽）を動物園に収容したとする。野生個体群の方は、翌年になれば、二十羽が繁殖し、個体数は直ちに回復するだろう。そして、数年後には動物園でも繁殖が見られるようになる。もしそれをやっていれば、今頃日本中の動物園にトキがいたと思う。そして野生で絶滅が心配されるような事態になった時には、動物園からトキを野生に戻せば、トキの絶滅を防ぐことができただろう。

実際、トキのことを本当に反省していないのではないかと疑うような事実があるのだ。それはいまや百羽しかいなくなっているシマフクロウのことである。本来ならば二百羽にまで減った時点でやればよかったのだが、百歩譲っても、いまがラストチャンスである。しかし環境省は危機意識に乏しく、動く気配さえないのだ。

シマフクロウは卵を二個産む。そのうち一個を動物園に入れて、孵化《ふか》させる。あるいは弱っているシマフクロウを見つけたら動物園に保護する。そうして繁殖していけば、いまなら何とか間に合うのではないかと思うのだが、環境省はそれを許可しないのだ。

一度、絶滅した種を元に戻すには、たくさんの人とお金を要することは、トキのいきさつをみても明らかだ。このままでは、多くの種が持つ命の連続性を途切れさせてしまう。

だから第二のトキをつくらないためにも、早めに取り組むべきなのだ。

旭山動物園では、できる限り早く減少している種を見つけ、繁殖に取り組んできた。その話を次に書きたい。繁殖自体の話も大切だが、繁殖のプロセスから見えてくる動物の生態も示唆に富んでいる。

まずホッキョクグマ。これまで五頭の繁殖に成功してきた。この数は、日本でもっとも多い。

日本の動物園は、明治時代からずっとホッキョクグマを飼ってきて、子どもまで産んだのに、育てることができなかった。できるわけがないと、何の手も打ってこなかったのである。

しかし、私が動物園に就職した翌年、ホッキョクグマの繁殖が旭山動物園で初めて成功した。なぜできたのか。それは、先輩たちが築いてきた「常に野生に学ぶ」という基本姿勢があるからだ。

野生の巣穴は静かで真っ暗

なぜ、これまで失敗し続けてきたかというと、ホッキョクグマが動物園内で使う産室と、自然界で使う巣穴とは違う環境だったのである。具体的には次の三点だ。

一つは、とくに資金に余裕のある動物園では、産室が大きすぎるのだ。野生の巣穴を見ると、かなり狭い。だから産室は狭く造らなければいけない。

二つ目は、野生の巣穴が静かで、真っ暗だということ。これは考えてみれば当たり前の話なのだが、なかなか気づかない。北極圏が動物園のように騒がしくないのは当然だし、北極圏の冬に、太陽はそう出ない。しかも、私たちが調べたら、巣穴を北斜面に作ることがわかった。つまり、太陽の影響を受けない場所に作るのだ。

三つ目は、巣穴が意外に温かいということ。登山でいえばビバークの発想である。人間は、ホッキョクグマは寒いところにいるからと、部屋を寒くしたほうがいいと思い込みがちだが、巣穴は温かい。だから暖房を入れたのだ。日本でホッキョクグマの産室に暖房を入れたのは、旭山動物園が初めてだ。

生まれたばかりのホッキョクグマの赤ちゃんを見た人は少ないと思うが、体はピンク色。体重は五百グラムから六百グラムくらいで、毛は短く、ほとんど丸裸だから寒いのだ。動物園の産室はコンクリート造りが多いからよけい寒い。

このように、私たちには野生の巣穴から学ぶという姿勢があったから繁殖に成功したのだ。

巣穴に関しては、ロシア人が綿密に研究した論文があり、これはかなり産室造りに役立った。

アムールヒョウの繁殖には、ちょっとした工夫が成功への扉を開いた。

アムールヒョウも、産室を真っ暗にして安心させてやれば、繁殖するだろうと思っていた。ところが失敗した。そこで飼育係が試みたのは、部屋の奥にさらに中を仕切った巣箱を入れて、複雑な産室を用意することだった。アムールヒョウはこの産室で安心したのか、日本で初めての繁殖に成功した。

ちょっとした工夫なのだが、これが意外と重要なのだ。彼らの巣穴を見たことはないのだが、おそらくこうした安全な巣穴を造って、子どもを産んでいるのだろうと思う。なお、これとよく似たタイプの産室は、キツネの繁殖の際にも使う。

日本動物園水族館協会には、「繁殖賞」という賞がある。これは同協会に加盟する施設が、飼育動物の繁殖に成功し、誕生後六ヶ月が過ぎても飼育が継続されている場合、なおかつその繁殖が日本で最初であった場合に表彰される。

前記した繁殖例は、どれも繁殖賞を受賞したが、繁殖賞受賞対象外でも、繁殖プロセスが示唆に富んでいたり、それ以降の繁殖に役立ったりするものもある。

たとえば、エゾタヌキの繁殖である。エゾタヌキは希少種ではないが、プロセスは示唆に富んでいるので、紹介しておこう。

本州のタヌキは比較的簡単に繁殖するのだが、北海道のエゾタヌキは難しかった。理由を考えてもよくわからない。ホッキョクグマの繁殖のプロセスを間近で見ていた私は、野生での状況を参考にするように担当者にいった。

保護されたエゾタヌキがいた。その体重の変化を季節ごとに追ってみると、保護された春先には、二キロほどだったのが、秋口の体重は、六、七キロ。つまり冬の間、エネルギーを少しずつ使いながら冬ごもりをするのだ。だから秋口には太っているが、春になるとガリガリに痩《や》せてしまう。しかし、動物園のエゾタヌキは、体重が変わらないのだ。それは冬もエサを与えるからだ。

「卵を産もう」という気にさせる

ピンときたのは、和鳥の増やし方である。冬の間、徹底的にタンパク質を絞るのだ。冬の間は虫がいないからだ。そして春先になって、いろいろな虫からタンパク質を補給すると、活力が湧いて、「卵を産もう」という気になるのだ。

一種の「枯渇感」である。稲でもいったん凍らして、氷室《ひむろ》に入れて冷やしたほうが発芽率が上がると聞いたことがある。

それをエゾタヌキに応用、早速、エゾタヌキの減量作戦を実施した。三ペアを使って、体重の減少を少しずつ変えてみた。すると体重が三〇%落ちたエゾタヌキが繁殖に成功した。翌年は三ペアとも体重を三〇%落とした結果、すべてのペアで繁殖を成功させることができた。

エゾリスの繁殖も興味深いものがある。私が動物園に来た頃は、エゾリスは旭山にたくさんいた。しかし一時、旭山から姿を消したことがある。

実は、その前からエゾリスの繁殖計画を実施してきたため、いなくなった後に再びエゾリスを旭山に放し続けた。

では、どのようにして繁殖させたのか。

おそらく多くの人は、繁殖させる場合、オスとメスを一緒の檻《おり》に入れると思うだろう。しかしその方法では繁殖できなかった。

そこで野生の中のエゾリスの生態を見つめ直すことにした。調べてみると、リスは日照時間が長くなるにつれて、ふだんはほとんど目立たない睾丸《こうがん》が、大きな梅干しぐらいになる。さらに、テカテカと黒光りし始めるのだ。そうなると、オスはメスを追尾する。メスは逃げるのだが、追っかけられることによって発情する。そして交尾して妊娠した途端に、メスは邪魔なオスを追い払う。

これを忠実になぞりながら試してみた。

まずオスとメスは別居させる。睾丸がテカテカになった時点でメスと同じ部屋に入れて、追っかけ回して交尾。注意しなければならないのは、逆にメスがオスを追いかけ回すときである。そのままにしておくとメスに殺されるから、オスを避難させ、部屋から出してやる。

いずれにしてもオスはいなくなったので、メスは子どもを産んで数日後に引っ越しをする。そして、子どもを太陽の下でクルクルクルクルクル回す。おそらくダニ対策だと思うのだが、生まれた五、六頭を回しては別の部屋に入れていく。また一週間後には、別の場所へ引っ越す。

こうして繁殖に成功したエゾリスは、一度いなくなった旭山だけでなく、遠くでは沖縄、上野や川崎など、全国さまざまな動物園に、旭山動物園からの動物大使として行っている。

コノハズクの繁殖

エゾリスの経験は、コノハズクの繁殖のときにも役立ち、こちらは繁殖賞を受賞している。コノハズクと言っても馴染《なじ》みはないかもしれないが、「ブッポウソウ」という鳴き方で知られる。日本のフクロウの仲間の中では一番小さく、北海道には夏鳥としてやってくる。

コノハズクの繁殖に至るまでの歴史は長い。二つの段階に分かれる。

まず、コノハズクは、外見からはオスとメスの判断ができない動物である。七〇年代には、すでに染色体によりオスメスを判別する方法は報告されていたのだが、いくら論文通りに培養しても、分裂像は得られなかった。そこで私は、旭川医科大学生物学教室の美甘《みかも》和哉教授（当時）に教えを請うことになった。そこでようやく雌雄判別ができるまでが第一段階。

それからは、オスメスの判別をしたうえで、繁殖を試みるのだが、そこでエゾリスの経験が生きたのだ。

エゾリスの睾丸のテカテカが生きた

コノハズクも単純にオス・メスを一緒にしておけば繁殖が成功するかというと、そうではない。ポイントは、「ブッポウソウ」という鳴き声である。あれは何のために鳴くか。一つは自分の縄張りをアピールするため。もう一つは、メスを呼び寄せるため。

野生のコノハズクを観察すると、まずオスが渡ってきて、縄張りを作って占有する。そのときブッポウソウと鳴いて、メスが来るのを待つ。メスはいい声だなあと思って降りてくる。そして交尾をして、卵を産む。

繁殖でもその通りにやったわけだ。エゾリスと同じことだ。つまりエゾリスの睾丸のテカテカが、コノハズクのブッポウソウに当たるというわけだ。

だから、メスを入れるタイミングが重要になる。まず、オスをケージに入れる。オスが、ブッポウソウと鳴くぐらいになったときに、メスを入れてやる。

たくさんある繁殖例の一部を紹介したが、旭山動物園のスタッフたちは、時間をかけて繁殖のメカニズムを解明することに喜びを感じている。動物の繁殖というのは、動物が満足しなければ実現しないものだ。動物から「よし」と無言のうちに言ってもらえたことが、飼育係にとってはこの上ない喜びなのである。繁殖賞というのは小さなアルミプレート一枚だが、この喜びは飼育をやっている人間でなければわからない感情かもしれない。

だからなのか、ベテラン飼育係でも、この一枚の繁殖賞のために、若い飼育係に負けまいと必死になって繁殖に取り組んでいる光景は旭山の場合、珍しいことではない。これが旭山動物園が日本産動物に関して数多い繁殖賞を受賞している要因になっているのかもしれない。

一からの研究で繁殖に結びついたのは、十数枚だが、私が自信を持って言えるのは、全部オリジナル研究だということ。外国の真似なんかしてないぞというのが誇りである。

人工授精、受精卵移植、クローン

場合によっては自然繁殖が難しいときがある。その場合は、人間でもそうするように、人工授精を行う。その成果が少しずつ報告されるようになってきた。

わが国では、八五年、チンパンジーの人工授精による繁殖が上野動物園で成功している。翌年にはジャイアントパンダでも成功している。

また、鳥類でも、キジとツルの仲間で数例の人工授精成功例が報告されている。最近では、チーター繁殖検討委員会において、各飼育施設が一致協力して人工授精の研究に積極的に取り組んでいる。アメリカの動物園ではすでにトラやリビアヤマネコなどネコ科動物で体外受精を成功させたという報告があるし、ボンゴの受精卵をエランドに移植して出産させることにも成功しているのである。

北海道の取り組みとしては、二〇〇一年六月七日に結成された「稀少動物保護増殖新技術研究会」があげられる。目的は種の保存で、北海道大学大学院獣医学研究科繁殖学教室と道内五ヶ所（札幌市円山《まるやま》動物園、釧路《くしろ》市動物園、おびひろ動物園、のぼりべつクマ牧場、旭山動物園）の動物園や関連施設に、私が声をかけてスタートさせた。人工授精から受精卵移植、クローン技術に至るまで、将来の可能性について学習する場にしようと考えている。

夢は広がり、ジーンバンク（遺伝子銀行）の設立やら、異種間移植などとさまざまな話題が熱っぽく話し合われた。

異種間移植というのは、耳慣れない言葉だろう。たとえば、ホッキョクグマの受精卵をヒグマに移植し、ヒグマにホッキョクグマの仔《こ》を育てさせようというものだ。どうしてそんなことができるのかと疑問に思われるかもしれないので、少し説明しておこう。

ホッキョクグマの自然繁殖についてはすでに述べた。七四年に、旭山動物園が国内初のホッキョクグマの繁殖に成功して以来、旭山では五頭、釧路市動物園で四頭、札幌市円山動物園で二頭と思うようにペースは上がらない。また、成獣のトレードによって繁殖した例もある。天王寺動物園では、オスが死に、メスだけとなった。これでは繁殖が出来ないので、一九九五年にH動物園のメスを宝塚動物園へ移動し、宝塚のオスを天王寺へ移動させた。それによって、九七年と九八年に、相次いで繁殖を成功させた。

ヒグマのお腹を借りる

ともかく、これだけ自然繁殖例が少ないのは、ホッキョクグマの出産適齢期の短さと関係がある。なんと七歳から二十歳までしかなく、しかも二〜三年に一回しか繁殖しないのである。したがって一生のうちにせいぜい五〜六回しか出産機会はない。これから暖冬が進んでいくと、ホッキョクグマの減少ペースはもっと進んでいくと思われる。そのために、できるだけ他の繁殖方法を確立しておきたいのである。

さて、なぜ、ヒグマのお腹を借りるのかという話だ。実は、ホッキョクグマはヒグマから数十万年前に分岐したものと考えられている。だからホッキョクグマの受精卵をヒグマの子宮に入れても、遺伝学的には受け入れられるというわけだ。

段取りとしては、顕微鏡を見ながら卵子に精子を注入する顕微授精をして、冷凍保存する。ホッキョクグマのお腹に戻すと同時に、冷凍保存した受精卵が余分にあれば、ヒグマに入れてもいいのではないかと思っている。

いま、ヒグマ同士の人工授精を、のぼりべつクマ牧場で試みている。それが成功すれば、ホッキョクグマの人工授精も視界に入ってくる。

さらに話を発展させれば、近親交配の危険性のことも考えたら、アメリカからでも精液を送ってもらい、顕微授精をしたうえで日本の動物園にいるヒグマに入れる。そうして生まれたホッキョクグマをアメリカに渡す。

それをやることで、旭山動物園は、世界のホッキョクグマの繁殖基地になるだろうと思うのだ。そうなったら、たとえホッキョクグマが絶滅の危機に直面しても、絶滅させずにすむだろう。

稀少動物保護増殖新技術研究会としてのこれからのテーマは、アムールトラだ。野生ではすでに三百頭を切っている。一昨年から人工授精を始めているが、まだ成果はこれからだ。世界を見渡しても三例しか成功していない。しかしこれを絶対に成し遂げて、世界四例目の成功にしたい。

これはまだ先のことになるが、クローン技術による増殖も可能だと考えている。クローン技術は、今、盛んにその安全性が問題となっているが、それは人間が家畜を食料として利用した場合に、人間に現れる悪影響がないかどうかという懸念である。それはしっかりと調べる必要はあるが、希少動物の増殖が、クローン技術によって実現するのであれば、それを活用しない手はないというのが私の考えだ。

以上、紹介したように、動物園では、数少ない個体群を計画的に繁殖させる努力を続けている。また、飼育個体群を維持する理論と技術の蓄積を絶え間なく続けてきた結果、絶滅を心配されている動物たちでも、遺伝的多様性を保ったまま何世代にもわたって生き続けることが可能になりつつある。

現在のところ、計画的繁殖の基礎となる血統登録が行われている種は、国際登録されているもので百三十六種（一九九九年八月現在）ある。日本産動物としては、タンチョウやニホンカモシカなど五種が対象となっていて、日本の動物園が担当している。また、三十三種でスタートした国内登録種も、百四十一種・亜種（二〇〇〇年三月現在）と四倍以上にも膨らみ、日本産猛禽《もうきん》類六種や日本産淡水魚十八種のように、日本が独自に実施しているものもたくさんある。

登録の対象となっている種は、日本の動物園で飼育されている哺乳類の一一%、鳥類の六%、両生爬虫類《はちゆうるい》の三%、魚類の一%に過ぎないが、日本動物園水族館協会に加盟している百六十四の動物園水族館のうち、五十九園館が血統登録者や繁殖調整者を出している。ほとんどすべての園館が種の保存事業に協力しているという大事業になっている。

動物園から自然復帰プロジェクト

種の保存事業の最終目的は、自然界の野性個体群を支えることにある。

前記したエゾリスなどはすでに自然復帰しているが、私が種保存委員会で調整者を担当している猛禽類でも、これからもっと進めていかなければならない。

たとえば、オジロワシとオオワシは国内最大級の鳥で、ワシ、タカの仲間である。二種とも環境省の発行するレッドリストに記載される絶滅危惧《きぐ》種で、国の天然記念物にも指定されている。日本で見られるものは、オジロワシの一部を除き、越冬のために飛来してきたものだ。旭川周辺でも、忠和《ちゆうわ》地域の石狩川や江丹別《えたんべつ》中園地区などで、彼らの姿を観察することができる。

なぜオジロワシとオオワシが絶滅の危機に直面しているのか。

理由の一つは、越冬地である北海道での「鉛中毒」である。ハンターが射殺したシカを山野に放置するようになったことから、オジロワシやオオワシなどが死骸に集まるようになってしまった。彼らは鉛と肉を選《え》り分けることができないため、一緒に食べてしまう。その結果、急性鉛中毒を起こして死亡してしまうのである。

事態を重く見た北海道庁は、直ちにエゾシカ猟に鉛弾の使用を禁止したが、十分な効果は挙がっていない。ワシ類鉛中毒ネットワークの調査によると、一九九五年から現在までに発見されただけでなんと百羽ものオジロワシとオオワシが鉛の犠牲になっているという。

「死のピラミッド」のパネル

第二の理由は、人間がまき散らす有害物質である。旭山動物園のワシ・タカ舎の前にも「死のピラミッド」というタイトルのついたパネルがある。有害物質の中には一度細胞内に取り込まれると、排出されないものがある。植物や昆虫、小動物に取り込まれたものが、食物連鎖の段階を上がるごとに濃縮され、最終的に食物連鎖の頂点に立つワシやタカなどの動物の体内に蓄積される。たとえば有機塩素系殺虫剤のＤＤＴは鳥のカルシウム代謝を阻害するので、卵の殻が薄くなり、繁殖ができなくなるのである。

第三の理由は、繁殖地であるロシアで起きている、新たな開発計画による環境破壊である。石油・天然ガス事業、サハリンI・IIは日本も大きく関わっている。まさにその場所は、オオワシの大きな繁殖地であり、もしも、石油の流出や掘削汚泥の不法な海洋投棄があったなら、直接オオワシに被害が出てしまうことは目に見えている。分布域が極東に限られているオオワシにとって、きわめて大きなダメージを受けてしまう危険性がある。

オジロワシに関しては、道内の四つの動物園と研究者、行政、市民などで構成される「オジロワシ野生復帰研究会」を通して活動をしている。研究会では、動物園生まれのオジロワシなどを自然に帰す方法を研究し、実践してきている。

たとえば九八年、釧路市立動物園生まれのオジロワシ「夢治郎」（五歳）を大空へ放った。野生復帰候補第一号として、放鳥のための訓練をしたのだ。

放鳥訓練とはいえ、事前にさまざまなチェックが必要になる。

一つは、遺伝学的検査。放鳥場所が北海道であるため、放鳥するオジロワシは北海道由来のものでなくてはならない。オジロワシはユーラシア北部にも多く分布しているので、生息地によっては遺伝的な違いがあると考えられるからだ。人間が勝手にそれを混ぜ合わせることは、遺伝的攪乱《かくらん》を起こす危険性があり、絶対にしてはならないことだ。

次に、外貌検査や寄生虫、血液検査などの健康診断も行う。とくに薬剤耐性菌がないかどうかは厳しくチェックされる。これは自然界にないものであるため、野性のオジロワシばかりでなく、自然界に広く耐性菌をばらまく結果となってしまう可能性が考えられるからだ。

それで問題なしとなれば、今度は放鳥するための訓練が必要になる。とくに飛翔《ひしょう》力をつけるために、大きな訓練用ケージの中で練習させる。またマガモやウサギなど、オジロワシが食べる可能性のあるさまざまなエサを与えた。

あとは、放鳥してからの移動ルートを確認するための方法である。このときは、ラジオトラッキング法で追跡することにした。

すべての準備が整い、放鳥したのが四月中旬。一週間ほどは釧路市立動物園近くにとどまったのだが、南下して釧路湿原に行ったのが確認されている。しかし放鳥から三十三日間も飛翔していたので、おそらく自分でエサを獲ることはできていたはずだ。オジロワシは基本的に、タラやホッケなどの魚をエサにしている。だから、自然の中にある様々な危険性をどう察知し、回避していくかという訓練さえ十分にすれば、あとはさほど訓練はいらないし、野生復帰は難しいことではないと考えている。

オジロワシ野生復帰研究会は、オジロワシに限らず、大型猛禽類の自然復帰に必要な技術の確立も目的としている。

オジロワシよりもやっかいなのは、イヌワシかもしれない。

イヌワシ研究会の調査によれば全国でも五百羽程度しか生息していない。残っているイヌワシも、営巣はする。

親はそのままヒナを連れて狩りを教える

そこで考えたのは、動物園で孵化したヒナを用いる方法だ。イヌワシでも、自分たちで孵化させてもいないのに、突然ヒナが来ると驚く。しかしそこからは人間と違う。びっくりするのはヒナがピーピーと鳴くと、親は必死になって、よだれをダラダラと流しながらエサをやり始めるのである。しかも、巣立ちをしても、親はそのままヒナを連れて狩りを教える。だから、卵から孵化して徐々に大きくしなければならないということはないのだ。

イヌワシはいつでも野生復帰を試みられる段階に来ている。あとはやるだけということなのだが、肝心の環境省が動かない。ここでも、またトキの教訓が生きていないなと思う。

残念でならない。

国際自然保護連合（ＩＵＣＮ）の種保存委員会が、一九九八年に報告した野生復帰実施者リストによれば、世界各地で野生復帰が組織的に取り組まれている種は、哺乳類七十七種、鳥類六十九種、爬虫類三十二種をはじめ、無脊椎《むせきつい》動物を含めて二百十五種である。

日本でも、兵庫県豊岡市でニホンコウノトリの野生復帰が検討されてきたが、二〇〇五年九月二十五日ついに五羽のコウノトリが放野された。これまで長い時間を掛けて、コウノトリが生きていける環境が本当に整えられたのか、あるいは、放すことに住民が賛成しているのか、農業被害を与えてしまったらどうするのかなど、多くの問題を関係者が一つ一つ解決していったからだろう。オジロワシの野生復帰の際にも、万が一、車とぶつかったら誰が責任をとるのかといった議論が出たことを思い出した。

ただ、野生復帰に際して、これらの課題がすべて解決されなければ野生動物の自然復帰ができないと考えるのか、想定されている対応策を検討しながら実験的自然復帰を積み重ねていくべきと考えるかで、決断は全く違ったものになる。

実際にハクトウワシの野生復帰に取り組んでいるアメリカの研究者は、「やってみなければ分からないことばかりだよ」と言っていたし、われわれもオジロワシでの六例の放鳥によって、貴重な体験を重ねることができている。

オオタカも、日本では希少種で、旭山動物園では鷹匠の技術を応用して「ととりの村」で飛翔訓練を行っている。この技術を使って、徐々に人間から離れて自立させることもできるのではないかと期待している。

いずれにしても、多くの人々が野生動物と共に生きていきたいと願うことが自然復帰事業を支える力になる。

レッサーパンダが立つこと

ここまで繁殖のことを書いてきて、私の中に引っ掛かるものがある。それは二〇〇五年に起きた、「レッサーパンダが立つ」と話題になった現象である。実は、あの問題は繁殖の問題とも関係しているからだ。

旭山動物園のホームページでは、〈レッサーパンダを「見せ物」にしないでね〉という緊急メッセージを発した。

〈最近レッサーパンダの見るに耐えないニュースが氾濫《はんらん》しています。

どこのレッサーが何秒立った！　レッサー様々入園者が増えた！　名前を登録商標！

昔のエリマキトカゲのブームを思い出してしまいました。いや、エリマキトカゲの方がまだましだったかもしれません。あれは良くも悪くも野生下でも見られる特徴的な行動だったから。

野生のレッサーパンダが普遍的に何十秒も直立する、あるいは立って歩く習性があって、これまで飼育下ではその行動を引き出してあげられていなかったのであれば「凄《すご》い！」ことです。しかし、よく考えてみて下さい。そうではないですよね。あの取り上げかたは「芸」です。「見せ物」です。というかレッサーパンダは解剖学的にも2本足で立つことは当たり前にできます。むしろ立つことができない個体がいるとしたらその方が問題です。

レッサーパンダは外を覗《のぞ》きたい、エサをもらえるかもと立ち上がっているだけで、その行為だけを抜き取って「凄いこと」として取り上げています。「ここのレッサーパンダ立たないんだって。つまんない」これがレッサーパンダブームが招いたレッサーパンダの見方です。

このような言い方は失礼かもしれませんが、一般の方やマスコミの方は素人です。私たちプロの側が、素人に短絡的に「受けること」を続けていていいのでしょうか？　来年の今日、どれくらいの人がこのブームを覚えているでしょうか？

レッサーパンダを「見せ物」にしないで下さい。関係者の方お願いします〉

この意見に対し、市役所などに批判が届いたり、ネット上で酷評されたりした。「所詮《しょせん》見せ物の動物園が『見せ物』とは何事か」「旭山だってエサで釣って動物に『芸』を見せている」「図に乗っている」などなど。先の文章には表現に一部行き過ぎた点があったので、それについては同じホームページ上で謝罪・訂正した。

しかし論旨はいま読んでも間違っていないと思っている。ここまで読んで下さった方は、旭山動物園が見せ物のために動物に無理強いをしているわけではないこと、芸はやらせていないことをわかっていただいたと思う。

批判の対象になった文章に関しては、事前に私がチェックをしており、それをホームページに掲載した責任は私にある。ただ、全国の動物園の動物というのは、個々の動物園の所有物ではないということをわかってほしかったのだ。全国の動物園は一つの組織のようなもので、個々の動物をたまたま預かっているという認識なのだ。すでに述べたように、繁殖のためには、複数の動物園が動物を提供しあって互いに協力することがわかったと思う。

一頭一千万円もする高価な動物

たとえば、エキノコックス症でゴリラのオスが死んだときも、私は、残ったメスを他の動物園に貸し出す手続きをした。メスをそのままにしておくと繁殖ができなくなるからだ。動物園とすればゴリラは人気者であるし、市民の大切な財産でもあるので簡単に他の動物園に移動させるという判断はできない。しかし、ゴリラの立場にたてば、繁殖の可能性がなくなった時点で、その命は失われたと同じことだ。やはり繁殖して命を継代することが大事なのだ。

ゴリラの移動を菅原市長にお願いに行ったときのことを、いまでもよく覚えている。すんなりと貸し出しを承諾してくれるとは思わなかったのだが、こちらの意をくんで、承諾の判を押してくれたのだ。そのとき私が話したのは、次のようなことだ。

「ここでゴリラを移動させることで、ゴリラの繁殖計画が実施でき、そして繁殖に成功したなら、それは世界に伝わります。繁殖しなくても、旭山動物園が中心となってゴリラの繁殖計画が実施されたことは記録に残ります。そして、五十年後でも百年後でも旭山動物園がゴリラの飼育展示を希望したときには、このことが高く評価され、世界中の動物園からゴリラが提供されることになるでしょう」

このゴリラは残念なことに、その後すぐに死んだので、貸し出しはかなわなかった。ただ言えることは、こうした認識は私だけが持っているものではなく、動物園に関わる者ならば誰もが持っていなければならない、ということだ。だから私は、他の動物園のことでも気になったのである。

レッサーパンダ騒動を振り返って思うのは、動物園が取り組まなければならない繁殖、あるいはエンリッチメントの問題にまで、なぜ発展しなかったのかということだ。もし近代動物園の考え方が国民に浸透していれば、また別の反応があったはずだ。動物園は、近代動物園に課せられている役割についても、今後市民を啓発していく必要がある。

WWF（世界自然保護基金）ジャパンは同年六月、次のようなメッセージを発していたことを付記しておきたい。

「今般のレッサーパンダ人気につき、商業的に関心を向ける関係各位におかれましても、このような希少動物であるレッサーパンダに過剰な負担がかからないように十分な配慮を望みます」

外来種にどう対応すべきか

動物園の動物から少し離れて、ペットなど一般の動物と人間は、どのように付き合っていけばいいのかを、少し考えてみたい。

旭山動物園ではこれまで、「外来種が在来種に与える影響の大きさ、あるいはペットが引き起こすさまざまな社会問題」なども取り上げてきた。毎年一、二回、テーマを定めた特別展を開催しているが、過去には、「フクロウ展」、「ネズミ展」、「鳴く虫展」、「旭山の自然」など、私たちに関わりの深い動物をテーマに職員が工夫を凝らしてパネルを制作し、その中で動物園の考えを伝えてきた。そのパネル展、いまは四年連続して「外来種」をテーマにしているが、その理由は、「外来種から在来種を守ろう」ということを、しっかりと伝えておきたいからだ。

「外来種」と言われてもピンと来ないかもしれない。そもそも、「在来種」とはどのような動物かというと、もともとその地に生息していた動物たちのことだ。「〝もともと〟とは、いつの時代からですか？」とよく聞かれるが、基本的には人間と関わりなく、そこで生きているという意味だ。動物の生息域は変化しているので、何年前からいたものが在来種で、最近のものが「外来種」だということではない。したがって、「外来種」とは、人間が（意識的に）持ち込み、または人間の移動、物資の移動などによって（無意識のうちに）偶然持ち込まれて、居着いてしまった生物を指す。

外来種とはどのような動物か

では、今問題となっている外来種とはどのような動物たちなのだろう。私が子どもの頃、父親が本州に出張すると、お土産としてカブトムシを持ってきてくれた。嬉《うれ》しくて抱いて寝て、夢の中で自分が採集して、興奮しているときに目覚めたこともある。その夢が実現したのは、大学時代に長野県の親戚《しんせき》を訪ねたときのことだった。

そう、カブトムシは、本来北海道には生息しない生き物だったのである。それが、今では旭山動物園で見つかることもあるし、W町では町興しの目玉として取り組もうとして話題になっている。子どもの頃の私だったら、嬉しくて、万歳と叫んでいたかもしれない。同じように、北海道でもカブトムシが採れると喜んでいる人もたくさんいると思う。

しかし、今の私は不安でいっぱいだ。人の手によって広められたカブトムシが、もともといた昆虫の生きている場を奪ってしまうことになるからだ。自然は、生物の複雑なネットワークだと考えられている。そこにわずかな隙間があると、新しい生物が誕生するのである。そのようにしてそれぞれの地域の自然は保たれている。それを生態系と言う。カブトムシがその中に無理矢理入ってきてしまうわけだから、北海道のネットワークがその部分破れてしまう。

初めは、小さなほころびかもしれないが、徐々にそのほころびが拡大していくかもしれない。もしかしたらカブトムシが入った状態で修復されるかもしれない。ただし、たとえ修復されたとしても、それはすでに自然が作り出したものではなくなってしまっている可能性がある。

クワガタムシが絶滅してしまう

カブトムシは本州からの外来種だが、最近ペットショップやスーパーで売られているクワガタムシのほとんどは外国産のものである。なかには日本のクワガタムシの親戚に当たるものもいて、西日本ではすでに雑種ができてしまっている。この雑種が在来種と競合したり、交雑を繰り返すことで、日本の在来のクワガタムシが絶滅してしまう。

また、彼らの幼虫時代の食べ物の中には日本では見られない微生物が含まれている危険性がある。この微生物は外国の生態系では安定しているのだが、日本の生態系の中で、どのような影響を与えてしまうのかまったくわからない。わからないから良いのではなく、わからないから怖いのである。

昆虫類などは、一度野に放たれ自活してしまうと、あっという間に拡がってしまい、駆除が不可能となってしまうので、飼育している人は絶対に逃がさないように、最後まで責任を持って飼育してほしい。

ブラックバスの密放流

北海道では、すでにアメリカミンクや黄テン、アライグマなどが定着してしまっている。そこへ、二〇〇一年七月、驚くべきニュースが飛び込んできた。「大沼公園の沼でコクチバスが釣り上げられた」というものである。日本で唯一ブラックバス清浄地である北海道でも、ついにブラックバスの生存が確認されたのだ。北海道でも時間の問題かと言われていたことだが、ついに誰かによって放たれてしまったのだろう。ブラックバスが、自力で北海道に分布を拡げることは絶対にできないからだ。

その後、積丹《しやこたん》半島の余市《よいち》ダムなどでも次々と発見され、多くの関係者が怒りを持ってその対策を講じようとしている。バス釣りという個人の楽しみを目的として放たれたブラックバスが、生態系にどのような影響を起こしてしまうかは、琵琶湖《びわこ》を始め日本中の湖沼で証明済みだ。彼らは肉食魚だから、生きていくために、多くの魚を食べる。食べられるのは、日本の在来淡水魚だから、ブラックバスの生息している湖沼では、多くの在来種の生存が危ぶまれている。このまま放置しておけば、ブラックバスを駆除することができなくなってしまう。分布域が、点から線、そして面になってしまうからだ。まだ点のうちに有効な手を打たねばならないと思っている。

北海道には北海道の自然があり、私たちもその中で生きている。私たちの考え方、もっと言えば文化、そして私たち自身を育《はぐく》んでいるのは、この北海道の自然である。みんなで、力を合わせて、私たちを育んでくれているこの北海道の自然を大切にしていければと思う。多くの生物と共に。

理想の動物園

「日本一の動物園をつくりたい」

私は以前から、そう言ってきた。

しかし、ほとんどの人は、「そもそも上野動物園に入園者数で勝てるわけがないだろう」と笑っていた。

負け惜しみのように聞こえるかもしれないが、私は数で勝とうとは思っていない。内容で勝ちたいと考えているのだ。

私にとって「理想の動物園」とは、野生動物の素晴らしさを伝えることができ、人々を楽しくさせ、なおかつ野生動物の保護・繁殖を通して、北海道の動物に責任を持つ、という条件が整った施設である。最近はそれに加え、「教育機関が充実した動物園」を心ひそかに思い描いている。

たとえば、医大生や大学院生が旭山動物園に来て研究できるレベルの環境を備えたい。繁殖でもいい、タヌキの冬眠実験でもいい。さまざまなテーマを決めて、動物園と学生とで共同実験をするのも面白いだろう。旭山にいる動物を使えば、多くの研究ができるはずだ。こうした活動を通じて、野生動物の研究センターとしての役割を果たすことができればと思う。

それだけでない。中学生や高校生が修学旅行で来園したり、道内の生徒が泊まりがけで来たときに、内容のあるレクチャーをできる環境も整えるのだ。テーマは、環境教育、生物学、動物行動学、といくらでもあるし、解剖を行うのもいいだろう。大学と共同研究した内容を、中・高校生にわかりやすく教えるということも考えられる。前記したが、コノハズクの雌雄を見分ける染色体研究は、私しか取り組んでいない。それを私が講義することができる。

こうした活動が定着してくれれば、高度な研究内容を、動物園の飼育・展示方法や繁殖に役立てることができる。そうすると、動物と動物園によい循環が生まれるはずだ。また、教育によって動物に興味を持つ若者が増えれば、優秀な人材が動物園に集まってくるという副産物も期待できる。

旭山動物園はこれまで、確かに入園者を増やしてきた。しかしこれを一過性のブームで終わらせてしまっては、近い将来、客足が遠のくおそれがある。教育機関としての取り組みが充実してくれば、ブームではなく、旭山動物園が今後百年にわたって存在意識を発揮し続けられる施設になるはずだ。

動物にしてほしいこと、動物園にしてほしいこと

動物園に入って何年かしてからの頃だったと思う。動物園の仕事自体は楽しいので、あ

まり落ち込むことはないのだが、なんとなく辛いときがあった。

そんなとき、当時私が担当していたキリンが、不意に私の肩に首を載せてきたのである。当時、私はキリンの担当だった。もちろんキリンは何も言わない。しかし、ふと目が合ったとき、キリンが「辛いよね」という目をしたのである。そのとき気持ちが通じ合って、すっと辛い気持ちが解けていったような気がした。横から見ている人がいたら、そうは思わなかっただろう。しかし私にはそう感じられたのである。

動物というのは、自分を映す鏡なのだな、と思った。

辛かったら、辛いよねと返してくれる。嬉しいなと思ったら、よかったねとほほえんでくれる。だらしなくしていたら、頑張らなければと背中を押してくれる。

たまたまキリンの例をだしたが、どんな動物でも一対一で対面して目を見ていたら、不思議と対話していることに気づく。動物園に来たら、ぜひ動物と語り合ってほしい。「一人じゃない」と思うことができるだけでも、すごいことなのだ。

かけがえのない動物だから、入園される方にお願いしたいことがある。それは当たり前のことだが、動物園に来たら、動物を大事にしてほしい、ということである。

「動物を殺さないで」キャンペーン

二十年以上前になるが、「動物を殺さないで」というキャンペーンを展開したことがある。動物舎に、「動物を殺さないでください」と書いてお願いしたのだ。ポップコーンやお菓子、果物を平気で動物に与える入園者が跡を絶たなかったのだ。これはかなりお客さんの数が落ち込んでいた時期とも重なる。

この「動物を殺さないでください」というのは、ほんとうの気持ちだった。なぜなら、お客さんが無意識に与えた食べ物で、動物が死ぬことがあるからだ。

私は獣医だから、園内の動物が死ぬと必ず解剖していた。解剖をすると、信じられないものが出てくることがある。アシカの胃袋からは、とうきびの芯《しん》が炭化したものが、慢性的な下痢をして死んだキリンの腸からはシワシワになったお菓子の袋が出てきた。また、マントヒヒが突然水のような下痢をして急死してしまった。原因がお客さんの与えたアイスクリームだったとわかった時は、本当に腹が立って仕方なかった。

それもあって、資料展示館では、そうした解剖写真を展示して、実態を知ってもらう企画を行った。

ただ、入園者が増えて来るに従って、マナーも低下気味であることも事実である。ぜひ、マナーを守って、動物園を楽しんでいただきたい。

あとがき

本の最後に、こういうことを書くのはふさわしくないかもしれないが、悲しかった出来事を紹介する。これは動物園や水族館の未来にも関わることだからだ。

二〇〇五年十一月三日、北海道十勝地方南部の広尾町にあった「広尾海洋水族科学館」が閉館した。アザラシの保護に積極的に取り組んできた施設として知られているが、財政難で立ちゆかなくなったのだという。

私は日本動物園水族館協会北海道ブロックの理事を務めているので、閉館の議論が町内にあることは承知しており、閉館はなんとか阻止したかった。そこで、二〇〇四年の北海道の園館長会議の席上、広尾町で公開シンポジウムを開催し、水族館が地域にとってどれだけ必要な施設であるかを議論してはどうかと提案した。他の園館長たちは賛同してくれたが、肝心の広尾の館長が辛《つら》そうな顔をしている。

なぜかというと、彼は広尾町で生まれて育った人間、町長以下、議会なども閉館だと言っているのに、シンポジウムを開いて、閉館賛成だ、反対だとなれば、町を混乱させてしまうかもしれない。今後、ずっと広尾町で暮らしていく彼にとって、人間関係のしがらみが重くのしかかっていたのだ。

無理強いをすることもできないので、彼の話を聞き、何かできることがあったら必ず言ってほしいと励ましたが、何も有効な手が打てないまま時間が過ぎていき、「十一月三日閉館」が決まってしまった。

十一月一日、二日が道内の園館長会議だった。一日、広尾の館長と二人で夜遅くまで話した。別れ際、「しばらく会えなくなるね」と私が言うと、館長は「小菅さん、いつでも会おうよ」と返してくれた。しかし私の中には、何もできなかったという悔しさだけが残った。そしてそれは私の中でどんどんと大きくなっていった。

私は翌三日、旭川市青年会議所が主催する「みんなで夢見よう旭山動物園・動物園マイスター制度」という討論会に出席していた。市民を集めて、旭山動物園を応援してくれるという集まりだった。

会の最後、「こういった会の設立はどうですか」と、主催者から質問された。

私は、「こんな嬉《うれ》しいことはない」と答え、続けて「過去に二十六万人までお客さんが減ったが、現在のようにたくさんの人が来園してくれるようになったのは、市民の応援があったからだ」と話した。そのとき、まさにいま閉館のときを迎えている広尾海洋水族科学館のことが頭に浮かんだ。

〈何か手を打つことができたのではないか。あれでよかったのか〉

私は、広尾のことを話そうとした。

「でも、広尾海洋水族科学館は、残念ながらきょうが最後なんです……」

と話し始めた瞬間、感情がこみ上げてきて、不覚にも、言葉を詰まらせてしまった。そのあと何をしゃべったのか覚えていない。

あとで人に聞いたら、

「設置者が苦しくなったら、真っ先に捨てられるのが動物園や水族館なんです。そういう運命なんです。悲しいことです」

と言ったそうだ。

激していたので、きつい言い方になっているが、これは正直な気持ちだ。旭山動物園も入園者数が落ち込んだとき、市長が閉園だと言えば、いまの旭山動物園はなかった。しかし、一方では福岡県北九州市に戦前からあった西鉄「到津遊園」が閉園し、市民の署名活動で「到津の森公園」として再スタートしたという例もある。やはり市民の支えによって、動物園・水族館の運命は変わっていくのだ。

もうすぐ六十歳に手が届く男が、人前で涙を流すのはみっともない話だが、あえて紹介したのは、そのことを伝えたかったからだ。

動物園という世界に入って三十年以上が過ぎた。その間、折節思い出す言葉がある。それは札幌に住んでいたとき、祖母に連れられて行った寺の住職が言った言葉である。

住職がおもむろにこう質問してきた。

「地獄とはなんだと思う」

答えられないでいると、住職は言った。

「地獄とは、やりたいことができないことだ」と。

それが心に刻み込まれたのか、私は、とにかく好きなことだけをやってきた。幼い頃から動物が大好きで、学校の授業が終わって、家に帰ると、毎日のように、円山動物園の周辺にある山や沢に向かった。手当たり次第に動物を捕まえてきては、いろいろな動物を飼っていた。カタツムリ、キリギリス、エビ、カエル、サンショウウオ、そして友人から貰ったハツカネズミ……。あるいは親からバイオリンを習わされても、自分が好きな柔道の稽古《けいこ》に情熱を燃やし、柔道部の雰囲気に惹《ひ》かれて北海道大学に入学した。家業を継いでほしいという親の願いに耳を傾けず理類へ進んだのだ。動物園への就職はあまり考えていなかったが、柔道部を引退してからは、就職どころかぎりぎりまで卒業することに追われていた。そして卒業間近に見つけたのが、旭山動物園の求人広告だった。それでも、いざ動物園の仕事を始めると、面白くて仕方がなかった。

振り返っても、とにかく自分で興味を持てること、自分の打ち込めることだけをやってきた。それは本当によかったなと思っている。

いまの動物園づくりの根本にあるのは、住職から言われた言葉だったかもしれない。動物も人間も、やりたいことができなければ幸せではない。だから、それぞれの動物のいちばんかっこいいところは、彼らがやりたいことをやっている瞬間である。それをお客さんに見せたかった。これからも、動物たちのイキイキとした姿に感動していただけるような動物園にしていきたい。

私たちの思い描く理想の動物園にするには、まだまだ年月が必要だ。

旭山動物園の、これからを期待していてほしい。

日本の動物園年表

	主な出来事	その他動物にまつわる主な出来事
一七二九	徳川吉宗が一七二八年に輸入したベトナム産のインドゾウが、江戸の民衆にも公開され、評判を呼ぶ（オス・メス2頭輸入されたが、メスは輸送途中に死亡）。ただ、これを動物園といえるかどうかは難しい。	一九二二　軍用鳩による初の夜間長距離通信に成功。
	江戸時代東京・上野広小路などに「花鳥茶屋」という〝動物園〟付き喫茶店があった。クジャク、シカ、ヤギ、インコなどを見られたが、〝見せ物〟的要素が強く、現在の「動物園」とは言い難い。	
一八六二	遣欧使節団が欧州の動物園を視察。	
一八六六	遣欧使節団のメンバーの一人福沢諭吉が『西洋事情』の中で、「動物園」という言葉を紹介する。	
一八八二	農商務省博物館附属動物園として、我が国最初の動物園が開園。現在の東京都恩賜上野動物園。クマ、水牛、サルなどと鳥類136羽など。ゾウなど大型獣は6年後になる。	
一八九五	皇室直轄の動物飼育場として新宿動物園を開設（一九二四年まで存続するが、一般には公開されなかった）。	
一九〇三	京都市紀念動物園開園（日本で2番目）。	
一九一五	大阪市天王寺動物園開園。	

一九二三	関東大震災の被災者慰安のため、上野動物園を2週間無料公開。
一九三六	上野動物園からクロヒョウ逃走。捜索隊員によって捕獲に成功。
一九三九	日本動物園協会が任意団体として発足（一九六五年に社団法人日本動物園水族館協会になる）。
一九四〇	天王寺動物園のチンパンジー・ロイド君が国民服を着て、衣服の簡素化をPRするために駆り出される。この年国民服令が公布された。
一九四三〜四四	軍の命令で、全国の各動物園では主に猛獣の殺処分が行われる。
一九四四	上野動物園では、都民の食糧増産のために、アヒルやニワトリのヒナを飼育し払い下げる。

一九三五　東京・渋谷区で秋田犬が死亡。渋谷駅で忠犬ハチ公の告別式が行われる。

一九四一　食糧不足に備え、代用食品として犬、カエルなどの販売申請が続いていたが、アザラシの肉も申請される。

　軍用犬のパレード。日中戦争が勃発して4年目に、大陸戦線で伝令、哨戒、負傷者の捜索などに活躍した軍用犬たちが、東京中を行進した。

一九四八	サルが列車を運転する「お猿電車」が上野動物園に登場。3両編成18人乗り。1周35メートルの環状線2周で当時3円。1〜2時間、サルを列車につないでおくことに批判もあり七四年に廃止。
一九四九	ゾウ列車発進。東京・台東区子ども議会が名古屋市東山動物園にゾウの貸し出しを要請するが実現せず、全国の子どものために、当時の国鉄がゾウ列車を走らせる。 タイ王国から「日本の子どもたちに夢を」と、ゾウのガチャコが贈られる（9月4日）。戦後初めて日本に来たゾウ（のちに花子と命名される）。 インドのネール首相がゾウのインディラを日本の子どもにプレゼント（9月下旬に到着）。日本の子どもたちから来た「ゾウを下さい」の手紙1500通を読んでネールが胸を打たれたという。
一九五〇	インディラ、全国各都市を大移動。
一九五一	東山動物園が移動動物園を行う（3月〜5月）。ライオン、ヒョウ、ピューマ、ヒマラヤグマをつれて、知多半島、岐阜、三重に出かける。
一九五八	日本初の本格的無柵放養式を採用した東京・多摩動物公園が開園。

一九五七　小鳥ブームで、狩猟禁止の野鳥販売が増える。

一九六一　愛媛県南西部でネズミ異常繁殖。ネコ1万匹供出運動を展開。

一九六二	福岡市動物園で日本初のチンパンジー出産。
一九六三	神戸・王子動物園でサイの子誕生。日本初。
一九六六	日本動物園水族館協会が、国際保護動物の買い入れ、輸出絶対禁止などの決議文を発表。
一九七一	山形ハワイドリームランドが、経営難のため、ライオンなど8種類の動物を射殺。
一九七二	上野動物園に中国からジャイアントパンダが来る。初日約1万8千人の見物客。わずか50秒の見物時間。翌年の入園者は730万人に。
一九七五	天王寺動物園でライオンとトラの混血「ライガー」誕生。
一九八二	京都市立動物園で、日本初の動物園3世ゴリラ誕生。同園生まれの

一九六五　イリオモテヤマネコの生息確認。七七年、特別天然記念物に指定される。

一九六六　日本がオランウータンなど絶滅寸前の動物の密貿易基地になっていると報道される。

一九七〇　ルアー・フィッシングブームに伴い、ブラックバスの無許可放流が行われるようになる。

一九七七　幻の蛇「ツチノコ」に懸賞金（西武百貨店）。

一九八〇　日本、ラムサール条約に加入。

一九八四	ゴリラを父にもつ子ども（オス）が誕生。3世は困難とされていた。オーストラリアからコアラ6頭が友好親善使節として贈呈。東京・多摩、名古屋・東山、鹿児島・平川の各動物園に贈られる。
一九八八	日本動物園水族館協会に「種保存委員会」が発足。希少動物の保護増殖事業を国際的な連携で取り組む態勢を整えた。
二〇〇四	旭山動物園の7月、8月2ヶ月間の月間入園者数が、上野動物園を上回る。
二〇〇五	各動物園でレッサーパンダが立ったと話題になり、賛否両論が巻き起こる。

一九八四　エリマキトカゲのブーム。自動車のCMで話題に。

一九九二　環境庁、日本産トキの中国での繁殖を断念。

一九九三　熱帯魚ブーム。輸入が4年で3倍になる。

一九九八　石川県畜産総合センターと近畿大学の研究グループが、成体の体細胞を用いたクローン牛を世界で初めて誕生させる。

二〇〇五　「ペットとして飼われていたニシキヘビが逃亡」、「マンションでアフリカ原産のダイオウサソリが発見される」、「琵琶湖で、アマゾン川などにすむピラニアが発見される」、「東京で3匹の仔ブタがうろつく」といった、ペットにまつわる騒動が多発した。

編集部作成

参考文献

「動物園というメディア」渡辺守雄ほか　青弓社　二〇〇〇年
*「上野動物園百年史」東京都　第一法規出版　一九八二年
「日本の名著33　福沢諭吉」責任編集永井道雄　中央公論社　一九六九年
*「日録20世紀」講談社　二〇〇〇年
「続　動物園の歴史　世界編」佐々木時雄ほか　西田書店　一九七七年
「動物園の歴史」佐々木時雄　西田書店　一九七五年
「動物たちの昭和史1」中川史郎　太陽企画出版　一九九〇年
「動物園の誕生　動物の文化史3」　H・デンベック、小西正泰・渡辺清（訳）築地書館　一九八〇年
「染色体によるフクロウ目4種の性別判定」小菅正夫　立野裕幸（「動水誌」24—1　一九八二年）
「種の保存における動物園の役割——飼育下繁殖動物の野生復帰」（「生物の科学　遺伝」二〇〇〇年五月号）
*巻末の年表で参考

小菅正夫（こすげ・まさお）

1948年、北海道・札幌市生まれ。北海道・旭川市旭山動物園園長。73年、北海道大学獣医学部卒業。旭川市旭山動物園に獣医師として就職。その後、飼育係長などを歴任し、「親子動物教室」、夜９時まで開園する「夜の動物園」などの斬新な企画を連発する。95年、園長に就任するも翌年には入園者が過去最悪の26万人に激減し廃園の危機となる。その後、職員、関係者の努力で復活に成功。2004年には過去最高の145万人が来園し、月間の入場者数で上野動物園を上回り「日本一の動物園」としてマスコミで話題となる。現在では経済界からも注目されている。04年、「あざらし館」が日経MJ賞を受賞。人間の暮らしを考える「石狩川水系淡水生態館」実現が最後の夢である。

口絵写真／今津秀邦
本文とびら写真／石井一弘
企画協力／西所正道

〈旭山《あさひやま》動物園《どうぶつえん》〉革命《かくめい》
——夢《ゆめ》を実現《じつげん》した復活《ふっかつ》プロジェクト

小《こ》菅《すげ》正《まさ》夫《お》

二〇〇六年二月 十 日 初版発行
二〇〇七年十月二十五日 九版発行

発行者 井上伸一郎
発行所 株式会社角川書店
東京都千代田区富士見二—十三—三
〒一〇二—八〇七八
電話／編集 〇三—三二三八—八五五五

発売元 株式会社角川グループパブリッシング
東京都千代田区富士見二—十三—三
〒一〇二—八一七七
電話／営業 〇三—三二三八—八五二一

http://www.kadokawa.co.jp/

装丁者 緒方修一（ラーフイン・ワークショップ）
印刷所 暁印刷
製本所 BBC

角川oneテーマ21 A-46

ISBN4-04-710037-4 C0245

角川oneテーマ21

B-65
上機嫌の作法
齋藤　孝
「上機嫌」は、円滑なコミュニケーションのための技！人間関係力を劇的に伸ばすための齋藤流〝上機嫌の作法〟がみるみる身につく！　生き方の変わる一冊。

B-66
古寺歩きのツボ
――仏像・建築・庭園を味わう
井沢元彦
作家・井沢元彦が、古寺歩きのツボをやさしく伝授。歴史に通じた著者ならではの解説で、楽しく深い古寺歩きの知識があなたのものに！

A-33
適応上手
永井　明
老人介護、更年期、リストラ、登校拒否……日頃抱えている心のもやもやに、いますぐ効きます！　社会に過剰適応しすぎた悩める現代人に贈る、生き方の万能処方箋。

B-68
五〇歳からの頭の体操
多湖　輝
もう一度、固い脳を柔らかく！　物忘れ度、ボケ度から好奇心度まで、あなたの脳の診断をしてみませんか？　熟年版の「頭の体操」！

B-70
五〇歳からの定年準備
河村幹夫
団塊世代の定年予定表を作ろう。定年一歩手前、何を準備すべきか。〝納得できる〟第二の人生のすすめ。

B-72
マジックの心理トリック
――推理作家による謎解き学
吉村達也
だからあなたはダマされる！　人気の推理作家による観客側から書いた初めてのマジック・ブームの「謎」大研究！

A-35
人間ブッダの生き方
――迷いを断ち切る「悟り」の教え
高瀬広居
不安と迷いの心を解き放つ、ブッダ（お釈迦さま）不滅の教えと叡智。仏教界ナンバー1のカリスマ論客が綴った、仏教入門の決定版。

A-34
ツイてる!
斎藤一人
本年度納税額第一位の億万長者が最強の成功法則を伝授する。金運上昇のコツから人生の楽しみ方まで異色の哲学には思わず頷く!

A-30
スルメを見てイカがわかるか!
養老孟司
茂木健一郎
「覚悟の科学者」養老孟司と「クオリアの頭脳」茂木健一郎がマジメに語った脳・言葉・社会。どこでも、いつでも通用するあたりまえの常識をマジメに説いた奇書!

A-29
老い方練習帳
早川一光
よりよく老いるためには、ちょっとしたコツがあります。毎日の生活、夫と妻、家族、嫁、孫まで。老いるための心構えのための練習帳。年を重ねるのが楽しくなります。

A-28
五〇歳からの人生設計図の描き方
河村幹夫
ちょっとした知恵で人生が劇的に変わる。「週末五〇〇時間活用法」で毎日を有効に使いませんか。納得できる人生最終章の夢を実現しよう。まだ、間に合います!

A-27
勝負師の妻
――囲碁棋士・藤沢秀行との五十年
藤沢モト
アル中、女性、ギャンブルなど放蕩三昧の生き方を貫いた天才棋士・藤沢秀行。そのもっとも恐れる妻が明かした型破りな夫婦の歩みと、意外な人間像を描いた一冊。

A-26
快老生活の心得
齋藤茂太
いきいき老いるための秘訣は身近なところに隠れている。ちょっとした意識改革で老後が楽しくなる。精神科医にして「快老生活」を満喫する著者の快適シニア・ライフ術。

A-25
大往生の条件
色平哲郎
長野の無医村に赴任した医師が、村の住民から学んだ老後の生き方と看取りの作法。そして「ピンピンコロリの大往生」とは。現代日本の医療問題を考えさせる一冊。

角川oneテーマ21

C-95
決断力
羽生善治

将棋界最高の頭脳の決断力とは？　天才棋士が初めて公開する「集中力」「決断力」のつけ方、引き込み方の極意とは何か？　30万部の大ベストセラー超話題作！

A-36
養生の実技
――つよいカラダでなく――
五木寛之

無数の病をかかえつつ、五〇年病院に行かない作家が徹底的に研究し、実践しつくした常識破りの最強カラダ活用法を初公開します！

A-27
勝負師の妻
――囲碁棋士・藤沢秀行との五十年
藤沢モト

アル中、女性、ギャンブルなど放蕩三昧の生き方を貫いた天才棋士・藤沢秀行。そのもっとも恐れる妻が明かした型破りな夫婦の歩みと、意外な人間像を描いた一冊。

A-41
健全な肉体に狂気は宿る
――生きづらさの正体
内田　樹
春日武彦

今日から「自分探し」は禁止！　生きづらさに悩む現代人の心を晴れやかに解き放つヒントを満載。精神と身体の面から徹底的に語り尽くした説教ライブ！

C-92
戦艦大和　復元プロジェクト
戸高一成

全長26m、空前のスケールで巨大戦艦をよみがえらせた男たちのドキュメント。新発見の写真資料を含む図版満載、半藤一利氏との特別対談を収録。

C-102
ホテル戦争
――「外資VS老舗」業界再編の勢力地図
桐山秀樹

超高級外資系ホテルの、東京進出ラッシュ裏事情とは？ブランド力を誇る外資と、それを迎え撃つ国内既存組の戦い。すべてのサービス業に通じる勝利の条件とは!?

C-97
高血圧は薬で下げるな！
浜　六郎

降圧剤には寿命を縮める危険がある。薬を使わずに血圧を下げるためのさまざまなアドバイスから、やむなく使う場合の正しい薬の選び方までを詳しく紹介。